国家基本职业培训包（指南包 课程包）

计算机维修工

人力资源社会保障部职业能力建设司编制

中国劳动社会保障出版社

图书在版编目（CIP）数据

计算机维修工 / 人力资源社会保障部职业能力建设司编制. -- 北京：中国劳动社会保障出版社，2022

国家基本职业培训包：指南包　课程包

ISBN 978-7-5167-5628-7

Ⅰ.①计…　Ⅱ.①人…　Ⅲ.①电子计算机－维修－职业培训－教材　Ⅳ.①TP307

中国版本图书馆CIP数据核字（2022）第180653号

中国劳动社会保障出版社出版发行

（北京市惠新东街 1 号　邮政编码：100029）

*

三河市华骏印务包装有限公司印刷装订　　新华书店经销

880 毫米 ×1230 毫米　16 开本　16.75 印张　298 千字

2022 年 11 月第 1 版　　2022 年 11 月第 1 次印刷

定价：49.00 元

营销中心电话：400-606-6496

出版社网址：http://www.class.com.cn

编制说明

为全面贯彻落实习近平总书记对技能人才工作的重要指示精神，进一步增强职业技能培训针对性和有效性，不断提高培训质量，培养壮大创新型、应用型、技能型人才队伍，按照《人力资源社会保障部办公厅关于推进职业培训包工作的通知》（人社厅发〔2016〕162号）的工作安排，我部持续组织开发培训需求量大的国家基本职业培训包，指导开发地方（行业）特色职业培训包，力争全面建立国家基本职业培训包制度，普遍应用职业培训包高质量开展各类职业培训。

职业培训包开发工作是新时期职业培训领域的一项重要基础性工作，旨在形成以综合职业能力培养为核心、以技能水平评价为导向，实现职业培训全过程管理的职业技能培训体系，这对于进一步提高培训质量，加强职业培训规范化、科学化管理，促进职业培训与就业需求的有效衔接，推行终身职业培训制度具有积极的作用。

国家基本职业培训包由指南包、课程包和资源包三个子包构成，是集培养目标、培训要求、培训内容、课程规范、考核大纲、教学资源等为一体的职业培训资源总和，是职业培训机构对劳动者开展政府补贴职业培训服务的工作规范和指南。

国家基本职业培训包遵循《职业培训包开发技术规程（试行）》的要求，依据国家职业技能标准和企业岗位技术规范，结合新经济、新产业、新职业发展编制，力求客观反映现阶段本职业（工种）的技术水平、对从业人员的要求和职业培训教学规律。

《国家基本职业培训包（指南包　课程包）——计算机维修工》是在各有关专家的共同努力下完成的。组织起草单位是中关村电子商会。参加编写的主要人员有杨梦骊、董晨剑、王鑫、杜书瑞、李荣刚、温亮宝等。此外，得到了周明、罗彤、刘伟、陈文先、陈靖、阳小珊、姜永凯、郭保志、张一春、郝金亭等业内专家的技术指导和内容评审。在编制过程中得到了中国电子商会、联想（北京）有限公司、中国惠普有限公司、戴尔（中国）有限公司、国家电子计算机质量监督检验中心、曙光信息产业（北京）有限公司、中国联合网络通信有限公司、北京市新媒体技师学院、北京九畴科技有限公司等有关单位的大力支持，在此一并致谢。

人力资源社会保障部职业能力建设司

国家基本职业培训包编审委员会

目录

1 指南包

2 课程包

附录 培训要求与课程规范对照表

1

指南包

1.1 职业培训包使用指南

1.1.1 职业培训包结构与内容

计算机维修工职业培训包由指南包、课程包、资源包三个子包构成，结构如下图所示。

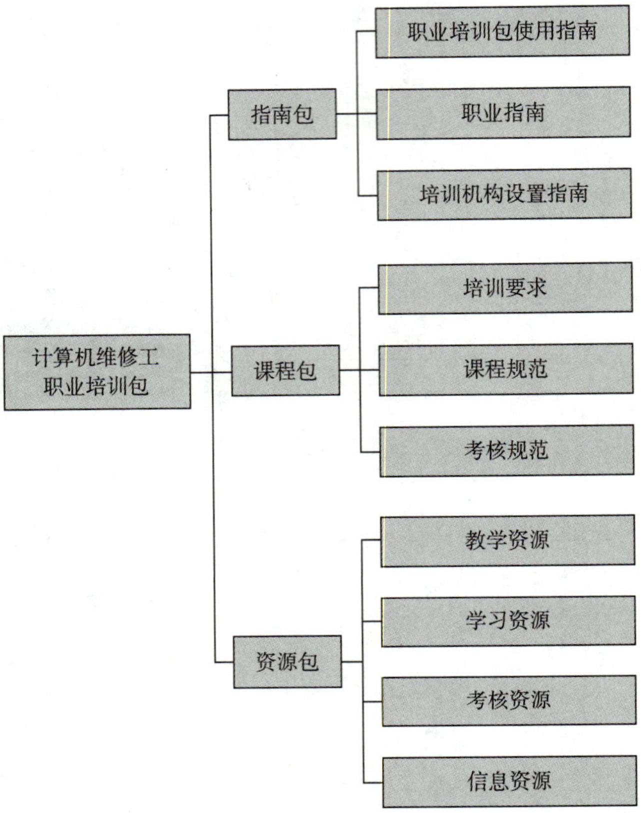

职业培训包结构图

指南包是指导培训机构、培训教师与学员开展职业培训的服务性内容总合，包括职业培训包使用指南、职业指南和培训机构设置指南。职业培训包使用指南是培训教师与学员了解职业培训包内容、选择培训课程、使用培训资源的说明性文本，职业指南是对职业信息的概述，培训机构设置指南是对培训机构开展职业培训提出的具体要求。

课程包是培训机构与教师实施职业培训、培训学员接受职业培训必须遵守的规范总合，包括培训要求、课程规范、考核规范。培训要求是参照国家职业技能标准、结合职业岗位工作实际需求制定的职业培训规范。课程规范是依据培训要求、结合职业培训教学规律，对课程设置、课堂学时、课程内容与培训方法等所做的统一规定；考核规范是针对课程规范中所规定的课程内容制定的，能够科学评价培训学员过程性学习效果与终结性培训成果的规则，是客观衡量培训学员职业基本素质与职业技能水平的标准，也是实施职业培训过程性与终结性考核的依据。

资源包是依据课程包要求，基于培训学员特征，遵循职业培训教学规律，应用先进职业培训课程理念，开发的多媒介、多形式的职业培训与考核资源总合，包括教学资源、学习资源、考核资源和信息资源。教学资源是为培训教师组织实施职业培训教学活动提供的相关资源，学习资源是为培训学员学习职业培训课程提供的相关资源，考核资源是为培训机构和教师实施职业培训考核提供的相关资源，信息资源是为培训教师和学员拓展视野提供的体现科技进步、职业发展的相关动态资源。

1.1.2 培训课程体系介绍

计算机维修工职业培训课程体系依据职业技能等级分为职业基本素质培训课程、五级 / 初级职业技能培训课程、四级 / 中级职业技能培训课程、三级 / 高级职业技能培训课程、二级 / 技师职业技能培训课程和一级 / 高级技师职业技能培训课程，每一类课程包含模块、课程和学习单元三个层级。计算机维修工职业培训课程体系均源自本职业培训包课程包中的课程规范，以学习单元为基础，形成职业层次清晰、内容丰富的“培训课程超市”。

计算机维修工职业培训课程学时分配一览表

职业技能等级	课堂学时		其他学时	培训总学时
	职业基本素质培训课程	职业技能培训课程		
五级 / 初级	40	80	100	220
四级 / 中级	20	80	120	220
三级 / 高级	20	155	120	295
二级 / 技师	10	123	100	233
一级 / 高级技师	10	187	80	277

注：课堂学时是指培训机构开展的理论课程教学及实操课程教学的建议最低学时数，其中职业基本素质培训课程为理论知识培训课程，职业技能培训课程包含理论知识和操作技能培训课程。除课堂学时外，培训总学时还应包括岗位实习、现场观摩、自学自练等其他学时。

（1）职业基本素质培训课程

模块	课程	学习单元	课堂学时
1．职业道德	1–1　职业道德基本知识	职业道德基本知识	1
	1–2　职业守则	计算机维修工职业守则	1
2．基础知识	2–1　电子电气基础知识	（1）电子电路知识	2
		（2）电气系统知识	2
		（3）电子元器件知识	2
	2–2　计算机基础知识	（1）计算机产品定义及发展简史	2
		（2）计算机组成和基本运行原理	3
		（3）计算机外围设备认知	3
		（4）计算机网络基础知识	4
	2–3　计算机结构件常识	计算机结构件常识	2
	2–4　计算机产品常见标识符号和性能参数	（1）电子电气符号和性能参数	2
		（2）计算机产品结构件及包装材料件的标识	1
		（3）计算机产品性能与功能的识别方法	1
	2–5　工具、仪器、仪表的基本使用方法	（1）结构件拆装工具的分类及使用方法	2
		（2）主要电子线路测试、维修设备的认知及使用方法	4
		（3）计算机维修中常用的软硬件测试工具	4
	2–6　安全生产知识	安全生产知识	3
	2–7　相关法律、法规知识	相关法律、法规知识	1
课堂学时合计			40

注：本表所列为初级职业基本素质培训课程，其他等级职业基本素质培训课程按“计算机维修工职业培训课程学时分配一览表”中相应的课堂学时要求进行必要的调整。

（2）五级 / 初级职业技能培训课程

模块	课程	学习单元	课堂学时
1．服务的受理与交付	1–1　远程服务请求应对	（1）计算机产品用户的语音服务	3

续表

模块	课程	学习单元	课堂学时
1．服务的受理与交付	1-1　远程服务请求应对	（2）产品手册和技术资料在客户服务受理时的应用	3
		（3）计算机维修服务政策解读	3
		（4）计算机维修服务流程	5
		（5）计算机驱动程序、固件和专用软件工具的安装方法	2
	1-2　维修服务受理	（1）接待服务区环境准备和服务设施设备状态确认	2
		（2）填写用户信息、机器信息、服务诉求信息	2
		（3）个人计算机故障现象的确认和记录	2
		（4）维修服务方案的告知和记录	2
		（5）客户服务接待区待修机的摆放	2
	1-3　维修服务完成与交付	（1）提取用户待取机	2
		（2）待取机验机	2
		（3）个人计算机维修服务费用收取与服务信息记录	2
	1-4　用户服务评价及应对措施	（1）获取用户服务评价	2
		（2）个人计算机用户常见投诉问题及处置方法	2
		（3）投诉问题的升级	2
2．修理与维护	2-1　计算机的安装与维护	（1）个人计算机主机放置和附件安装	2
		（2）个人计算机外设的连接和设置	2
		（3）个人计算机软件的初始化安装	1
		（4）指导用户实现个人计算机的各项功能	2
		（5）个人计算机外观清洁和日常维护保养	2

续表

模块	课程	学习单元	课堂学时
2．修理与维护	2-2　故障定位	(1) 防静电服装、工具和措施	1
		(2) 检测工具、设备的准备和确认	1
		(3) 个人计算机外部状态故障判断	2
		(4) 用附件替换法判断个人计算机故障	2
		(5) 维修单中检测信息的填写	1
	2-3　故障修复	(1) 个人计算机附件替换修复	1
		(2) 个人计算机操作系统和应用软件版本确认和升级	1
		(3) 个人计算机修复机信息录入和摆放	1
	2-4　测试与验机	(1) 个人计算机修复后的外观及软件完备性确认	1
		(2) 修复后的个人计算机外观清洁	1
		(3) 修复后的个人计算机功能测试	2
		(4) 待交付个人计算机信息录入和摆放	1
3．物料及文件管理	3-1　工具管理	(1) 用户接待区基础设备设施检查	1
		(2) 计算机维修专用工具管理系统的应用	1
		(3) 维修工作间工具存放	1
	3-2　备件管理	(1) 备件管理操作	3
		(2) 计算机备件、附件及包装的环保处置规范	2
		(3) 主机、附件可用性和适配性	2
	3-3　文件资料管理	(1) 维修服务宣传资料与单据摆放	2
		(2) 用户维修服务信息录入查询	2

续表

模块	课程	学习单元	课堂学时
3．物料及文件管理	3–3　文件资料管理	（3）计算机维修服务资料的管理	2
		（4）用户数据资料处置和保存	2
课堂学时合计			80

（3）四级 / 中级职业技能培训课程

模块	课程	学习单元	课堂学时
1．服务的受理与交付	1–1　远程服务请求应对	（1）存放、操作服务器	2
		（2）远程指导用户确认服务器状态	2
		（3）指导用户下载、安装、升级服务器的驱动程序、固件和专用软件工具	2
	1–2　维修服务受理	（1）准备服务器现场服务工具、技术资料和服务单据	2
		（2）报修服务器现场测试及故障现象记录	2
		（3）服务器的现场检测与维修方案沟通	2
		（4）故障服务器操作注意事项及相应安保措施	2
	1–3　维修服务完成与交付	（1）服务器修复后的检验方法	2
		（2）调取、核对已修复设备的电子信息	2
		（3）用户现场完成维修服务数据记录	2
	1–4　用户服务评价及应对措施	（1）在用户现场获取服务器维修服务评价	2
		（2）服务器维修服务远程回访	2
		（3）服务器用户常见投诉问题的应对方法	2
2．修理与维护	2–1　计算机的安装与维护	（1）服务器硬件的安装	4
		（2）Windows 服务器操作系统软件和驱动程序的初始安装与升级	2

续表

模块	课程	学习单元	课堂学时
2．修理与维护	2-2　故障定位	（1）个人计算机专用测试软件的使用	2
		（2）命令行操作提取个人计算机日志及网络配置参数	2
		（3）个人计算机外部环境引起的故障检测	2
		（4）个人计算机 BIOS 常见故障判断	3
		（5）个人计算机系统和软件故障判断	3
		（6）个人计算机外壳及内部部件的拆装	1
		（7）个人计算机故障诊断卡的使用	4
		（8）配件替换法判断个人计算机故障	3
	2-3　故障修复	（1）个人计算机 BIOS 设置错误故障修复	2
		（2）个人计算机系统或软件问题故障修复	2
		（3）个人计算机外部环境引起的故障修复	2
		（4）个人计算机故障部件的确认和更换	1
		（5）个人计算机内部清洁除尘	1
	2-4　测试与验机	（1）修复后服务器的外观完备性确认	2
		（2）修复后服务器的外观清洁	1
		（3）服务器待交付机信息录入和摆放	1
3．物料及文件管理	3-1　工具管理	（1）前往计算机用户现场开展维修服务的工具准备	2
		（2）维修工具及待修设备的摆放	2
	3-2　备件管理	（1）计算机备件抽检	2
		（2）计算机故障备件返还	2
		（3）备件故障率的分析与反馈	2

续表

模块	课程	学习单元	课堂学时
3．物料及文件管理	3-3　文件资料管理	（1）服务器用户现场纸质维修服务技术资料的准备	2
		（2）服务器维修服务技术资料在线查询	2
		（3）单据的保存、交付和维修服务管理系统结单	2
课堂学时合计			80

（4）三级 / 高级职业技能培训课程

模块	课程	学习单元	课堂学时
1．服务的受理与交付	1-1　远程服务请求应对	（1）解决五级 / 初级工、四级 / 中级工升级的用户服务请求和疑难问题	2
		（2）服务器备机服务与后续维修流程	2
		（3）故障排除前，远程指导服务器用户执行财产保障和数据安全措施	2
	1-2　维修服务受理	（1）服务器维修单据核验与后续服务	2
		（2）远程排查和处置网络设备引起的服务器信息传输故障	2
		（3）远程技术支持四级 / 中级工进行维修服务	2
	1-3　维修服务完成与交付	（1）辅助用户完成客户业务网络系统的安装与部署	2
		（2）网络中服务器访问权限的设置	2
		（3）服务器磁盘阵列、磁带库的安装	2
		（4）服务器 UPS（不间断电源）的安装与调试	2
	1-4　用户服务评价及应对措施	（1）处置计算机维修服务站点客户投诉事件	2
		（2）计算机维修服务站点的投诉事件统计与问题分析	2

续表

模块	课程	学习单元	课堂学时
2．修理与维护	2-1　计算机的安装与维护	（1）Windows 服务器环境操作系统批量部署和升级	6
		（2）Windows 服务器操作系统虚拟化	4
		（3）Windows 服务器日常维护	3
		（4）Windows 服务器数据备份和恢复	4
		（5）配置 Windows 服务器负载均衡集群、高可用集群及网络部署	10
		（6）按照网络配置文件完成 Windows 服务器常见服务和应用的安装与配置	6
	2-2　故障定位	（1）个人计算机部件上外观损坏器件的查验方法	2
		（2）使用仪器仪表定位个人计算机部件故障	5
		（3）使用部件替换法确定服务器、专用计算机的故障部件	3
		（4）使用配件替换法确定服务器、专用计算机的故障部件	3
	2-3　故障修复	（1）Windows 服务器常见操作系统软件及驱动程序问题的排除	6
		（2）服务器、特种计算机现场部件更换	3
		（3）磁盘阵列（RAID）常见故障分析处理	4
		（4）服务器典型故障现场修复	6
		（5）按照网络配置文件排除 Windows 服务器常见服务和应用问题	4
	2-4　测试与验机	（1）计算机整机终检环境搭建	2
		（2）计算机可修复备件终检及烤机环境搭建	2
		（3）计算机备件的终检、烤机和清洁	2
		（4）计算机备件批量检测团队组建	3
		（5）Windows 服务器修复后的基本功能测试	2

续表

模块	课程	学习单元	课堂学时
3．物料及文件管理	3-1　工具管理	（1）计算机维修服务站点设备设施的安装与布置	2
		（2）计算机维修服务站点维修设备及工具的管理	2
	3-2　备件管理	（1）计算机零器件标识的识别方法与信息查询	2
		（2）计算机维修服务站点故障配件及包装材料的存放、返厂和环保处置管理	2
		（3）计算机维修服务站点备件储存和采购计划制订与实施	2
		（4）计算机特殊配件需求或质量问题升级	2
	3-3　文件资料管理	（1）计算机维修服务站点文件资料的摆放和存储规划	2
		（2）纸质和电子维修服务单据的填写指导	2
		（3）计算机维修服务站点技术资料和文件使用权限的确定和监管	2
		（4）计算机维修服务站点维修服务数据及用户数据的日常监管	2
4．维修体系管理	4-1　维修服务网络建设和管理	（1）计算机维修服务站点建设方案的规划或改进	2
		（2）安排计算机维修服务站点工作人员岗位及管理维修服务运行流程	3
		（3）计算机维修服务信息系统部署	3
	4-2　培训与指导	（1）现场维修服务操作示范与指导	2
		（2）安全生产操作示范与指导	2
		（3）维修工具、仪器仪表使用技能指导	2
5．数据分析与研究	5-1　数据收集	（1）计算机维修服务站点定期收集单据制度	2
		（2）使用专用在线系统工具管理计算机维修服务站点各类单据	3
		（3）计算机维修服务站点常用报表的制作	3

续表

模块	课程	学习单元	课堂学时
5．数据分析与研究	5-2　问题分析与研究	（1）升级计算机维修服务非常规问题	3
		（2）计算机技术测试及数据收集等辅助研究	6
课堂学时合计			155

（5）二级 / 技师职业技能培训课程

模块	课程	学习单元	课堂学时
1．修理与维护	1-1　计算机的安装与维护	（1）Linux 服务器操作系统软件与驱动程序的安装及更新	4
		（2）Linux 服务器的日常维护	3
		（3）Linux 服务器操作系统应用常见软硬件配置	4
		（4）Linux 服务器操作系统虚拟化	4
		（5）Linux 服务器环境批量操作系统部署和升级	6
		（6）Linux 服务器数据备份和恢复	4
		（7）配置 Linux 服务器负载均衡集群、高可用集群及网络存储方案	10
		（8）按照网络配置文件实现 Linux 服务器常见服务和应用的安装与配置	6
	1-2　故障修复	（1）Linux 服务器操作系统软件及驱动程序问题的定位和排除	2
		（2）在用户现场使用配件热替换法修复专用服务器及特殊功能辅助设备	4
		（3）替换计算机电子电器部件上的电子元器件	4
		（4）在计算机元器件级维修翻新工厂批量修复故障配件和组件	4
		（5）按照网络配置文件排除 Linux 服务器常见服务和应用问题	4
	1-3　测试与验机	（1）计算机或其备件的烤机工作的管理	2
		（2）计算机元器件级维修翻新工厂终检管理	2

续表

模块	课程	学习单元	课堂学时
1．修理与维护	1–3　测试与验机	（3）修复后的 Linux 服务器外观完备性确认	2
		（4）Linux 服务器修复后的功能测试	2
2．物料及文件管理	2–1　工具管理	（1）元器件级维修翻新工厂设备设施的安装与布置	2
		（2）维修设备及工具分级配备标准及管理规范	2
	2–2　备件管理	（1）计算机维修服务网络各级站点备件、备机采购和库存标准制定与实施	2
		（2）计算机维修服务突发事件应急处置方案	2
	2–3　文件资料管理	（1）各级站点维修服务相关文件资料管理办法	2
		（2）计算机维修服务站点三级 / 高级工及以下级别人员技术资料和文件使用权限规定	2
		（3）计算机维修服务站点三级 / 高级工及以下级别人员使用维修服务系统权限的规定	2
		（4）在线上传、更新计算机维修服务电子资料的操作流程和管理规范	2
3．维修体系管理	3–1　维修服务网络建设和管理	（1）各级维修服务站点的发展和认定	2
		（2）计算机维修服务站点拓展计划制订	2
		（3）计算机维修服务站点建设或改造方案的审批	2
		（4）维修服务信息系统账户与权限管理和在线维修服务系统的部署和应用监管	3
	3–2　培训与指导	（1）计算机维修技术培训和线上自学监管和指导	3
		（2）政策、法律法规培训	3
		（3）投诉、纠纷处理案例培训	3
		（4）保密制度和保密安全流程培训	4

续表

模块	课程	学习单元	课堂学时
4．数据分析与研究	4-1 数据收集	（1）各类单据的定期收集和分类整理	3
		（2）使用计算机维修服务信息管理系统管理服务网络的电子单据	3
		（3）计算机维修服务网络维修数据报表的制作	3
	4-2 问题分析与研究	（1）组织搭建新开发计算机维修维护方案的测试验证环境	3
		（2）新开发维修维护方案的测试和报告	3
		（3）新开发软件测试工具的验证	3
课堂学时合计			123

（6）一级／高级技师职业技能培训课程

模块	课程	学习单元	课堂学时
1．修理与维护	1-1 计算机的维护和保养	（1）UNIX 和类 UNIX 服务器操作系统软件与驱动程序的安装及更新	2
		（2）UNIX 和类 UNIX 服务器操作系统应用常见软硬件配置	4
		（3）UNIX 和类 UNIX 服务器日常维护	3
		（4）UNIX 和类 UNIX 服务器环境操作系统批量的部署和升级	6
		（5）UNIX 和类 UNIX 服务器数据备份和恢复	4
		（6）配置 UNIX 和类 UNIX 服务器负载均衡集群、高可用集群及网络部署	10
		（7）UNIX 和类 UNIX 服务器常见服务和应用的安装与配置	3
	1-2 故障修复	（1）UNIX 和类 UNIX 服务器操作系统软件及驱动程序常见问题的排除	6
		（2）计算机疑难故障的处理	4
		（3）零器件修复和翻新的操作方法、流程制定及监督指导	4
		（4）按照网络配置文件排除 UNIX 和类 UNIX 服务器常见服务和应用问题	4

续表

模块	课程	学习单元	课堂学时
1．修理与维护	1-3　测试与验机	（1）修复的UNIX和类UNIX服务器完备性确认	1
		（2）UNIX和类UNIX服务器主机修复后的功能测试	2
		（3）计算机产品及相关部件的可靠性验证（烤机测试）方案的制定	2
		（4）计算机元器件级维修翻新备件质量标准及入库前终检方案的制定和管理方法	4
2．物料及文件管理	2-1　工具管理	（1）计算机维修服务场所基础设备设施标准和管理规范的制定方法	2
		（2）计算机维修服务工具管理规范的制定方法	2
		（3）参与计算机维修服务工具管理系统的开发和升级	2
	2-2　备件管理	（1）备机、备件管理制度的制定	2
		（2）计算机维修服务各级站点及元器件级维修翻新工厂管理制度的制定与修订	2
		（3）计算机备件管理系统的开发和升级	2
	2-3　文件资料管理	（1）计算机维修服务相关文件的制定和修订	6
		（2）计算机维修服务单据及使用规范的制定和修订	2
		（3）计算机维修服务电子资料、单据、数据使用规范的制定和修订	2
		（4）计算机维修服务管理信息系统的开发和升级	6
3．维修体系管理	3-1　维修服务网络建设和管理	（1）计算机维修服务网络和站点的拓展策略的制定	8
		（2）计算机维修服务网络和站点运营指标制定和修订	6
	3-2　培训与指导	（1）计算机维修技术人员培训计划的制订与实施管理	6
		（2）计算机维修技术培训资料的选定和编写	4

续表

模块	课程	学习单元	课堂学时
3．维修体系管理	3-2　培训与指导	（3）计算机维修技术服务培训场地设立规范	6
		（4）计算机维修技术在线培训学习系统或专用 App 需求手册编制	6
4．数据分析与研究	4-1　数据收集	（1）计算机维修服务各类统计报表设计	3
		（2）报表收集机制建立	3
		（3）将人工电话与大数据技术相结合进行服务数据收集及分析	3
		（4）突发技术事件的数据收集	2
	4-2　问题分析与研究	（1）非常见故障的检查方法和故障定位流程编制方法	4
		（2）计算机故障配件批量故障定位及零器件级维修方案的制定方法	4
		（3）改进计算机维修维护流程和方法	3
		（4）计算机维修服务操作环境的设计与改善	6
		（5）计算机维修服务与用户应对方案	6
		（6）服务及产品质量数据分析及改进	6
		（7）成本控制与定价策略问题及改进	6
		（8）用户数据安全保障问题及改进措施	3
		（9）软件测试工具的开发	6
		（10）计算机维修服务系统的开发	6
		（11）更新或升级计算机维修服务系统	3
课堂学时合计			187

1.1.3　培训课程选择指导

职业基本素质培训课程为必修课程，相当于本职业的入门课程。各级别职业技能培训课程由培训机构教师根据培训学员实际情况，遵循高级别涵盖低级别的原则进行选择。

原则上，初入职的培训学员应学习职业基本素质培训课程和五级 / 初级职业技能培训课程的全部内容，有职业技能等级提升需求的培训学员，可按照国家职业技能标准的“鉴定要求”，对照自身需求选择更高等级的培训课程。

具有一定从业经验、无职业技能等级晋升要求的培训学员，可根据自身实际情况自主选择本职业培训课程体系。具体方法为：

（1）选择课程模块；

（2）在模块中筛选课程；

（3）在课程中筛选学习单元；

（4）组合成本次培训的整个课程。

培训教师可以根据以上方法对培训学员进行单独指导。对于订单培训，培训教师可以按照如上方法，对照订单需求进行培训课程的选择。

1.2 职业指南

1.2.1 职业描述

计算机维修工是使用旋具、万用表、电烙铁等工具、仪表，诊断故障，保养、维修计算机的人员。

1.2.2 职业培训对象

参加计算机维修工职业培训的对象主要包括：城乡未继续升学的初中及以上学历（或相当文化程度）应届毕业生、农村转移就业劳动者、城镇登记失业人员、转岗转业人员、退役军人、企业在职职工和高校毕业生等各类有培训需求的人员。

1.2.3 就业前景

计算机维修工的就业方向较广，可从事计算机生产、销售企业的售前、售后服务工作，企事业单位的计算机管理、维修、维护等工作，还可从事电信、通信等领域数据机房、服务器的维护工作。

适应的岗位包括：计算机售后接待人员，普通计算机维修工，计算机维护人员，还可视情况晋升为维修组组长、主管、服务站站长、服务站技术负责等行政技术岗位。

1.3 培训机构设置指南

1.3.1 师资配备要求

（1）培训教师任职基本条件

1）培训五级 / 初级、四级 / 中级的教师应具有本职业三级 / 高级以上职业资格证书或相关专业中级及以上专业技术职务任职资格。

2）培训三级 / 高级的教师应具有本职业二级 / 技师及以上职业资格证书或相关专业高级专业技术职务任职资格。

3）培训二级 / 技师的教师应具有本职业一级 / 高级技师职业资格证书或相关专业高级专业技术职务任职资格。

4）培训一级 / 高级技师的教师应具有本职业一级 / 高级技师职业资格证书 2 年以上或相关专业高级专业技术职务任职资格。

（2）培训教师数量要求（以 30 人培训班为基准）

专业课教师：2 人以上（含 2 人）；培训规模超过 30 人的，按教师与学员之比不低于 1∶20 配备教师。

1.3.2 培训场所设备配置要求

培训场所设备配置要求如下（以 30 人培训班为基准）：

（1）理论知识培训场所设备配置要求：60 m^2 以上标准教室，多媒体教学设备（计算机、投影仪、幕布或显示屏、网络接入设备、音响设备）、黑板、30 套以上桌椅，符合照明、通风、安全等相关规定。

（2）操作技能培训场所设备配置要求：实习工位充足，设备、设施配套齐全，并配有急救药品和灭火器，符合照明、环保、劳动保护、安全卫生、消防、通风等相关规定及安全规程。

计算机维修工主要实训工具仪表、软硬件及其他物品、材料等配置要求对照表

等级	工具仪表	软硬件	其他物品、材料
五级 / 初级	各规格旋具，防静电手环，镊子，万用表	计算机（便携式计算机、台式计算机），显示器、键盘、鼠标等必要外设，操作系统，常用办公软件	手套，护目镜，导热膏，气吹，刷子，抹布
四级 / 中级	各规格旋具，防静电手环，镊子，万用表，故障诊断卡，电烙铁，热风枪，吸锡器	计算机（便携式计算机、台式计算机），显示器、键盘、鼠标等必要外设，各类板卡，操作系统，常用办公软件，诊断软件	手套，护目镜，导热膏，气吹，刷子，抹布
三级 / 高级	各规格旋具，防静电手环，镊子，万用表，故障诊断卡，电烙铁，热风枪，吸锡器	计算机（便携式计算机、台式计算机），服务器，显示器、键盘、鼠标等必要外设，各类板卡，操作系统，常用办公软件，诊断软件	手套，护目镜，放大镜，导热膏，气吹，刷子，抹布
二级 / 技师	各规格旋具，防静电手环，镊子，万用表，故障诊断卡，电烙铁，热风枪，吸锡器，BGA（ball grid array，球栅阵列封装）焊接台	计算机（便携式计算机、台式计算机），服务器，显示器、键盘、鼠标等必要外设，各类板卡，操作系统，常用办公软件，诊断软件，数据恢复软件	手套，护目镜，放大镜，导热膏，气吹，刷子，抹布
一级 / 高级技师	各规格旋具，防静电手环，镊子，万用表，故障诊断卡，电烙铁，热风枪，吸锡器，BGA焊接台，编程器，超净台	计算机（便携式计算机、台式计算机），服务器，显示器、键盘、鼠标等必要外设，各类板卡，操作系统，常用办公软件，诊断软件，数据恢复软件，编程器软件	手套，护目镜，放大镜，导热膏，气吹，刷子，抹布

1.3.3 教学资料配备要求

（1）培训规范：《计算机维修工国家职业技能标准》《计算机维修工职业基本素质培训要求》《计算机维修工职业技能培训要求》《计算机维修工职业基本素质培训课程规范》《计算机维修工职业技能培训课程规范》《计算机维修工职业基本素质培训考核规范》《计算机维修工职业技能培训理论知识考核规范》《计算机维修工职业技能培训操作技能考核规范》。

（2）教学资源、教材教辅、网络资源等内容必须符合“（1）培训规范”要求。

1.3.4 管理人员配备要求

（1）专职校长：1 人，应具有大专及以上文化程度、中级及以上专业技术职务任职资格，从事职业技术教育及教学管理 5 年以上，熟悉职业培训的有关法律、法规。

(2) 教学管理人员：1 人以上，专职不少于 1 人；应具有大专及以上文化程度、中级及以上专业技术职务任职资格，从事职业技术教育及教学管理 5 年以上，具有丰富的教学管理经验。

(3) 办公室人员：1 人以上，应具有大专及以上文化程度。

(4) 财务管理人员：2 人，应具有大专及以上文化程度。

1.3.5 管理制度要求

应建立健全完备的管理制度，包括办学章程与发展规划、教学管理、教师管理、学员管理、财务管理、设备管理等制度。

2

课程包

2.1 培训要求

2.1.1 职业基本素质培训要求

职业基本素质模块	课程内容	培训细目
1．职业道德	1–1 职业道德基本知识	（1）道德与职业道德的基本规范
		（2）计算机维修工作中的职业道德具体表现
	1–2 职业守则	计算机维修工职业守则
2．基础知识	2–1 电子电气基础知识	（1）电子电路知识
		（2）电气系统知识
		（3）电子元器件知识
	2–2 计算机基础知识	（1）计算机产品定义及发展简史
		（2）计算机组成和基本运行原理
		（3）计算机外围设备认知
		（4）计算机网络基础知识
	2–3 计算机结构件常识	（1）计算机外观结构件主要类别
		（2）计算机内部结构件主要类别
	2–4 计算机产品常见标识符号和性能参数	（1）电子电气符号和性能参数
		（2）计算机产品结构件及包装材料件的标识
		（3）计算机产品标签铭牌及产品手册包含的产品性能和功能识别
	2–5 工具、仪器、仪表的基本使用方法	（1）结构件拆装工具的分类及使用方法
		（2）主要电子线路测试、维修设备的认知及使用方法
		（3）计算机维修中常用的软硬件测试工具
	2–6 安全生产知识	安全生产知识
	2–7 相关法律、法规知识	相关法律、法规知识

2.1.2 五级/初级职业技能培训要求

职业功能模块	培训内容	技能目标	培训细目
1. 服务的受理与交付	1-1 远程服务请求应对	1-1-1 能使用普通话及计算机专业术语与用户进行语音沟通	（1）语音客户服务中计算机专业术语的应用 （2）与计算机产品用户的语音沟通
		1-1-2 能根据产品手册和厂商技术资料指导用户存放、操作和维护个人计算机	（1）计算机产品手册和技术资料的认知 （2）用户使用和存放个人计算机产品的指导
		1-1-3 能为用户讲解计算机维修服务政策	（1）计算机维修服务政策认知 （2）常见计算机产品维修服务政策问题解答
		1-1-4 能根据用户服务诉求引导用户进行后续服务流程	计算机维修服务流程的实施
		1-1-5 能根据技术资料指导用户下载、安装、升级个人计算机的驱动程序、固件和专用软件工具	（1）计算机驱动程序的下载（获取）、安装、升级方法 （2）固件和专用软件工具的下载（获取）、安装、升级方法
	1-2 维修服务受理	1-2-1 能按规定准备好接待服务区环境，并确认服务设施设备状态	（1）客户接待服务区环境的准备 （2）服务设施设备状态的确认
		1-2-2 能引导用户在维修服务单据、专用维修服务系统或移动端 App 填写用户信息、机器信息、服务诉求信息等	（1）用户信息、机器信息、服务诉求信息等的认知 （2）维修服务单据、专用维修服务系统或移动 App 的信息填写方法
		1-2-3 能根据用户描述的故障现象对报修的个人计算机进行测试，并在维修服务单据上记录故障现象	（1）个人计算机故障现象确认 （2）在维修服务单据上记录故障现象
		1-2-4 能根据相关服务规定告知用户维修服务方案并做好记录	（1）维修服务方案主要内容的认知 （2）正确告知用户并记录维修服务方案
		1-2-5 能按要求将待修机摆放在待修区指定位置	（1）客户服务接待区待修机摆放要求的认知 （2）在客户服务接待区摆放客户待修机

续表

职业功能模块	培训内容	技能目标	培训细目
1．服务的受理与交付	1-3　维修服务完成与交付	1-3-1　能根据用户取机单或电子信息按流程提取用户待取机	（1）用户取机规定和流程的认知 （2）提取用户待取机
		1-3-2　能按流程与用户面对面核对待取机信息，并完成验机	（1）待取机信息核对规定与流程的认知 （2）待取机验机
		1-3-3　能按规定收取费用，并完成服务信息记录	（1）维修服务费用项目解读及执行 （2）完善个人计算机维修服务信息记录
	1-4　用户服务评价及应对措施	1-4-1　能按规定和流程获取用户服务评价	（1）制定服务评价方案 （2）获取用户服务评价的实施方法
		1-4-2　能根据技术资料回答个人计算机用户的常见投诉问题	（1）个人计算机投诉问题技术资料的认知 （2）处置个人计算机用户常见投诉问题
		1-4-3　能按照问题升级流程上报用户投诉事件	（1）认知投诉问题升级制度 （2）根据问题升级制度上报用户投诉事件
2．修理与维护	2-1　计算机的安装与维护	2-1-1　能根据技术资料放置个人计算机主机并安装附件（如显示器、键盘和鼠标等）	（1）个人计算机主机放置和附件安装相关资料的认知 （2）个人计算机主机放置和附件安装操作
		2-1-2　能根据技术资料通过USB数据线、HDMI线、VGA线等线缆将个人计算机主机与常规设备（如打印机、音视频设备等）进行有线连接，并在开机后执行相关设置	（1）投影机、大屏等专用显示设备的连接和设置 （2）打印设备的连接和设置 （3）音频设备的连接和设置 （4）其他设备的连接和设置
		2-1-3　能使用设备厂商提供的光盘、储存卡等驱动安装介质，或通过官方网站下载的驱动程序或专用应用程序进行计算机软件程序的安装	（1）个人计算机软件安装方式的确定 （2）个人计算机软件的初始化安装
		2-1-4　能指导用户实现个人计算机的各项功能	（1）实现个人计算机各项功能相关资料的认知 （2）个人计算机基本功能实现的用户指导

续表

职业功能模块	培训内容	技能目标	培训细目
2．修理与维护	2-1 计算机的安装与维护	2-1-5 能按规定对个人计算机外观、显示器、键盘、鼠标、电源及光驱等进行日常维护保养	（1）个人计算机外观及部件状态确认 （2）个人计算机用户级别的外观清洁和日常保养
	2-2 故障定位	2-2-1 能正确穿戴防静电服、防静电手环或采取防静电措施	（1）防静电服装的穿戴 （2）防静电工具的使用 （3）维修服务过程中的防静电操作规范
		2-2-2 能准备检测工具与设备，并确认其工作状态正常	（1）计算机维修检测工具、设备的准备 （2）工具设备的状态确认
		2-2-3 能根据计算机维修服务技术资料，通过个人计算机指示灯、屏幕信息提示、报警声音等获取故障原因	（1）技术资料中计算机外部状态的认知 （2）通过外部状态判断故障原因
		2-2-4 能用附件替换法确认个人计算机附件或主机状态	（1）附件替换法的认知 （2）用附件替换法判断个人计算机故障
		2-2-5 能根据检测结果填写维修服务单据中的相关内容	（1）检测方法描述 （2）故障状态描述
	2-3 故障修复	2-3-1 能根据维修服务单据信息和用户报价反馈意见完成故障附件（如笔记本电池、电缆、适配器等）的替换	（1）维修信息确认 （2）故障附件替换修复
		2-3-2 能检查修复个人计算机的操作系统和应用软件版本，并根据用户需求完成升级操作	（1）个人计算机操作系统和应用软件的版本确认 （2）个人计算机操作系统和应用软件的升级
		2-3-3 能完成维修服务单据及管理系统数据记录，并把修复机放置在指定区域	（1）维修完成信息录入 （2）修复机摆放
	2-4 测试与验机	2-4-1 能对修复的个人计算机进行外观及软件完备性确认	（1）个人计算机主机外观完备性确认 （2）个人计算机附件外观完备性确认 （3）个人计算机软件完备性确认

续表

职业功能模块	培训内容	技能目标	培训细目
2．修理与维护	2-4 测试与验机	2-4-2 能对修复的个人计算机进行外观清洁	（1）个人计算机屏幕清洁 （2）个人计算机机箱风扇清洁 （3）个人计算机其他外观部件清洁
		2-4-3 能对修复的个人计算机进行功能测试	（1）个人计算机故障点修复确认 （2）个人计算机必要功能确认
		2-4-4 能确认纸质及电子维修单据信息填写的完整性，并将修复机放入指定位置	（1）个人计算机维修完成信息确认流程 （2）待交付的个人计算机的摆放
3．物料及文件管理	3-1 工具管理	3-1-1 能检查并确认用户接待区的供电设施、安防设施、防静电设施、网络设施等基础设备设施的工作状态	（1）供电、安防、防静电、网络等设备设施的认知 （2）供电、安防、防静电、网络等设备设施的检查与状态确认
		3-1-2 能使用计算机维修专用工具管理系统对维修服务工具进行申领、归还	（1）计算机维修专用工具管理系统中维修服务工具申领、归还流程的认知 （2）计算机维修专用工具管理系统中工具申领、归还流程的执行
		3-1-3 能按规范在维修工作间存放维修服务工具	（1）维修工作间工具存放手册与规范的认知 （2）维修服务工具存放手册与规范的执行
	3-2 备件管理	3-2-1 能根据计算机主机及附件包装、机身外壳上的文字和图形标识识别物品的名称、型号、版本、性能等信息，并通过产品资料的物品列表查询相应的物品信息、拆装方式	备件信息的识别
		3-2-2 能按规定使用备件管理单据或计算机维修服务信息系统，完成备件的登记、查询、申领、返还等操作	（1）备件管理单据的使用 （2）计算机维修服务信息系统的使用

续表

职业功能模块	培训内容	技能目标	培训细目
3．物料及文件管理	3-2　备件管理	3-2-3　能按规定对替换下来的备件、附件及其包装进行安全存放与环保处置	计算机替换备件、附件及其包装的存放与处置
		3-2-4　能参照技术资料，查验主机、附件包装上的版本和有效期标识，判断其可用性及适配性	（1）主机、附件可用性的判断 （2）主机、附件适配性的判断
	3-3　文件资料管理	3-3-1　能按规定在计算机维修服务站点接待区悬挂或放置保修维修服务规定、服务报价单等宣传资料	（1）计算机维修服务站点接待区维修服务收费资料的认知 （2）宣传资料的悬挂及放置
		3-3-2　能按规定在计算机维修服务站点接待区放置维修服务单据	维修服务单据的放置
		3-3-3　能使用计算机维修服务信息系统录入维修服务信息并根据规定和权限查看电子单据和信息	计算机维修服务信息系统的使用
		3-3-4　能按规定和权限摆放、领用、查阅及返还计算机维修服务资料	计算机维修服务资料的摆放、领用、查阅及返还
		3-3-5　能按规定处置和保存用户数据资料	用户数据资料的处置和保存

2.1.3　四级／中级职业技能培训要求

职业功能模块	培训内容	技能目标	培训细目
1．服务的受理与交付	1-1　远程服务请求应对	1-1-1　能根据产品手册和厂商技术资料指导用户正确存放、操作服务器	（1）服务器产品手册的认知 （2）服务器厂商技术资料的认知 （3）根据产品手册和厂商技术资料指导用户存放、操作服务器

续表

职业功能模块	培训内容	技能目标	培训细目
1．服务的受理与交付	1-1　远程服务请求应对	1-1-2　能通过电话或互联网在线工具指导用户确认服务器电源、网线等状态，并进行重新连接或更换	（1）通过电话或互联网在线工具指导用户确认服务器电源、网线状态 （2）通过电话或互联网在线工具指导用户重新连接服务器电源线或网线 （3）通过电话或互联网在线工具指导用户更换电源线或网线
		1-1-3　能根据技术资料指导用户下载、安装、升级服务器的驱动程序、固件和专用软件工具	（1）指导用户参考相关技术资料下载（获取）服务器驱动程序、固件和专用软件工具 （2）指导用户参考相关技术资料安装服务器驱动程序、固件和专用软件工具 （3）指导用户参考相关技术资料升级服务器驱动程序、固件和专用软件工具
	1-2　维修服务受理	1-2-1　能准备用户现场服务所需的工具、技术资料和服务单据	（1）识读维修任务相关信息 （2）根据维修任务相关信息准备服务工具、技术资料和服务单据
		1-2-2　能在用户使用环境下测试报修的服务器，并在维修单据上记录故障现象	（1）在用户使用环境按规定进行报修服务器测试 （2）在维修单据上正确记录服务器故障信息
		1-2-3　能在用户现场检测服务器，告知用户修理、维护方案和计划	（1）在用户现场检测服务器 （2）现场告知用户并沟通服务器修理、维护方案
		1-2-4　能在用户现场告知用户机器修复前服务器操作的注意事项，以及保障财产与数据安全的有效措施	（1）客户业务仍可正常运行的故障服务器修复前的操作与安保措施 （2）无法正常运行的故障服务器修复前的操作与安保措施
	1-3　维修服务完成与交付	1-3-1　能按流程在用户现场对完成修复的服务器进行验机	（1）认知服务器用户现场修复机交付规范 （2）服务器修复后的验机操作
		1-3-2　能在用户现场调取已修复设备的电子信息并与用户核对	（1）用户现场调取修复设备电子信息 （2）用户现场核对修复设备电子信息

续表

职业功能模块	培训内容	技能目标	培训细目
1．服务的受理与交付	1-3　维修服务完成与交付	1-3-3　能在用户现场完成维修服务单据填写及计算机维修服务信息系统数据记录，并与用户核对确认	（1）用户现场完成维修服务后填写纸质维修服务单据的注意事项 （2）在用户现场维修服务完成后与客户的沟通交流方法与技巧
	1-4　用户服务评价及应对措施	1-4-1　能在服务器用户现场获取服务评价	在用户现场获取服务器维修服务评价
		1-4-2　能在服务器维修服务结束后的规定时间内对用户进行远程回访	（1）认知服务器维修服务远程回访的意义和形式 （2）执行服务器维修服务远程回访
		1-4-3　能根据技术资料回答服务器用户的常见投诉问题	（1）查询服务器用户常见投诉问题处置技术资料 （2）处置服务器用户常见投诉问题的注意事项
2．修理与维护	2-1　计算机的安装与维护	2-1-1　能在用户现场完成服务器的硬件安装	（1）塔式服务器的硬件安装 （2）机架式服务器的硬件安装 （3）刀片式服务器的硬件安装
		2-1-2　能对 Windows 服务器操作系统软件和驱动程序进行安装与升级	（1）Windows 服务器操作系统软件的初始安装与升级 （2）Windows 服务器驱动程序的初始安装与升级
	2-2　故障定位	2-2-1　能使用专用的测试软件对个人计算机进行检测	（1）个人计算机专用测试软件的认知 （2）个人计算机专用测试软件的使用
		2-2-2　能使用命令行操作提取个人计算机日志及网络配置参数	（1）命令行操作方法的认知 （2）使用命令行操作方法提取个人计算机日志 （3）使用命令行操作方法提取个人计算机网络配置参数
		2-2-3　能检测个人计算机供电、网络等外部环境引起的故障	（1）常用个人计算机外部环境运行要求的认知 （2）个人计算机常见外部环境引起的故障检测
		2-2-4　能判断个人计算机基本输入输出系统（BIOS）设置错误引起的故障	个人计算机 BIOS 故障信息确认

续表

职业功能模块	培训内容	技能目标	培训细目
2．修理与维护	2-2　故障定位	2-2-5　能判断个人计算机系统或软件问题引起的故障	（1）个人计算机系统和软件故障的认知 （2）个人计算机系统和软件故障的判断
		2-2-6　能根据产品资料拆装个人计算机的外壳及内部各部件	（1）个人计算机装配手册的查阅 （2）个人计算机的拆装
		2-2-7　能使用故障诊断卡判断个人计算机硬件故障原因	（1）故障诊断卡的基本原理与认知 （2）各类故障诊断卡的使用
		2-2-8　能用配件替换法确认个人计算机故障部件	（1）配件替换法在个人计算机故障定位中的应用 （2）配件替换法在个人计算机故障定位中的操作
	2-3　故障修复	2-3-1　能修复个人计算机 BIOS 设置错误引起的故障	（1）个人计算机 BIOS 故障信息确认 （2）个人计算机 BIOS 设置错误故障修复操作
		2-3-2　能修复个人计算机系统或软件问题引起的故障	（1）个人计算机系统或软件问题故障信息确认 （2）个人计算机系统或软件问题修复操作
		2-3-3　能修复个人计算机供电、网络等外部环境引起的故障	（1）修复个人计算机供电故障 （2）修复个人计算机网络故障 （3）修复个人计算机其他外部环境引起的故障
		2-3-4　能对个人计算机故障部件进行更换	（1）确认个人计算机故障部件 （2）更换个人计算机故障部件
		2-3-5　能对个人计算机内部进行清洁除尘	个人计算机内部清洁除尘
	2-4　测试与验机	2-4-1　能对修复的服务器进行外观完备性确认	（1）服务器主机外观完备性确认 （2）服务器硬件配置完备性确认 （3）服务器软件完备性确认
		2-4-2　能对修复的服务器进行外观清洁	（1）服务器机箱外观清洁 （2）服务器外部风扇清洁 （3）其他服务器外观部件清洁

续表

职业功能模块	培训内容	技能目标	培训细目
2．修理与维护	2-4　测试与验机	2-4-3　能确认纸质及电子维修服务单据信息填写的完整性，并将修复机放入指定位置	（1）服务器维修完成信息确认 （2）待交付的服务器摆放规范
3．物料及文件管理	3-1　工具管理	3-1-1　能准备前往计算机用户现场所需的防静电设备、清洁工具、拆装工具、专用调校工具、存储介质及附属线材等	（1）根据维修服务任务分配情况确认常规工具需求 （2）前往计算机用户现场前需要明确工具携带需求的情况
		3-1-2　能按安全生产规范在计算机用户现场摆放和操作维修工具及用户设备	维修工具及待修设备在现场的摆放和操作
	3-2　备件管理	3-2-1　能根据规定对计算机备件进行抽检	计算机备件的抽检
		3-2-2　能根据流程返还计算机故障备件	计算机故障备件的返还
		3-2-3　能根据计算机维修服务信息系统的记录分析及反馈备件故障率	备件故障率的分析与反馈
	3-3　文件资料管理	3-3-1　能准备服务器用户现场所需要使用的纸质维修服务技术资料	服务器用户现场纸质维修服务技术资料的准备
		3-3-2　能在服务器用户现场在线查询维修服务技术资料	服务器维修服务技术资料的在线查询
		3-3-3　能按照规定流程保存和交付用户现场维修单据，并在计算机维修服务管理系统完成结单	（1）用户现场维修单据保存和交付 （2）计算机维修服务管理系统结单

2.1.4　三级／高级职业技能培训要求

职业功能模块	培训内容	技能目标	培训细目
1．服务的受理与交付	1-1　远程服务请求应对	1-1-1　能解决五级／初级工、四级／中级工升级的用户服务请求和疑难问题	（1）确认五级／初级工、四级／中级工升级事项的处理方式 （2）指导五级／初级工、四级／中级工参考相关资料应对客户诉求

续表

职业功能模块	培训内容	技能目标	培训细目
1．服务的受理与交付	1-1　远程服务请求应对	1-1-2　能通过电话或互联网在线工具向用户获取故障服务器的产品信息，提供备机并执行后续维修流程	（1）远程获取故障服务器产品信息 （2）提供备机服务并启动后续服务流程
		1-1-3　能根据服务器用户的故障描述，辨别故障现象的级别，并根据技术手册远程指导用户采取相应的措施	（1）远程判别服务器故障级别 （2）远程指导服务器用户采取财产保障和数据安全措施
	1-2　维修服务受理	1-2-1　能在用户使用环境下根据服务器维修单据上的信息进行验证并执行后续服务流程	（1）验证服务器维修单据信息 （2）执行服务器维修后续服务流程
		1-2-2　能通过远程的方式处理由于网络设备引起的服务器信息传输故障的报修	（1）远程收集服务器信息传输故障信息 （2）远程排查和处置网络设备引起的服务器信息传输故障
		1-2-3　能对在用户现场进行维修服务的四级 / 中级工提供远程技术支持	（1）四级 / 中级工常见用户现场维修服务问题及应对方案 （2）对四级 / 中级工提供远程技术支持
	1-3　维修服务完成与交付	1-3-1　能按规定在用户中心机房部署、安装服务器	（1）在用户中心机房现场辅助用户安装与部署客户业务网络系统 （2）远程辅助用户安装与部署客户业务网络系统
		1-3-2　能按用户要求设置网络中服务器的不同访问权限	（1）明确用户访问权限 （2）设置网络中服务器的不同访问权限
		1-3-3　能安装服务器的磁盘阵列、磁带库等存储介质	（1）安装服务器磁盘阵列 （2）安装服务器磁带库
		1-3-4　能安装、调试服务器 UPS（不间断电源）	（1）服务器不间断电源的安装 （2）服务器不间断电源的调试
	1-4　用户服务评价及应对措施	1-4-1　能按计算机维修服务站点的相关规定对升级的用户投诉进行处置	（1）计算机维修服务站点的产品质量相关的投诉事件处置与升级 （2）处置计算机维修服务站点的服务实施相关的投诉事件

续表

职业功能模块	培训内容	技能目标	培训细目
1．服务的受理与交付	1-4　用户服务评价及应对措施	1-4-2　能对投诉问题进行汇总、分析并撰写投诉问题报告	（1）统计计算机维修服务站点的投诉事件 （2）分析计算机维修服务站点的投诉事件问题
2．修理与维护	2-1　计算机的安装与维护	2-1-1　能按照网络配置文件对用户 Windows 服务器配置相关参数，完成批量操作系统的部署和升级	（1）Windows 服务器操作系统批量部署的认知 （2）Windows 服务器操作系统批量部署和升级操作
		2-1-2　能实现 Windows 服务器操作系统虚拟化	（1）Windows 服务器操作系统虚拟化的认知 （2）Windows 服务器操作系统虚拟化的实现
		2-1-3　能对 Windows 服务器进行日常维护	（1）Windows 服务器日常维护制度的认知 （2）Windows 服务器硬件日常维护 （3）Windows 服务器软件日常维护
		2-1-4　能对 Windows 服务器数据进行备份和恢复操作	（1）确认 Windows 服务器关键数据 （2）Windows 服务器数据备份策略和方式 （3）Windows 服务器数据的备份和恢复操作
		2-1-5　能按照网络配置文件配置 Windows 服务器负载均衡集群、高可用集群及网络部署等网络存储方案	（1）Windows 服务器负载均衡集群配置 （2）Windows 服务器高可用集群配置 （3）Windows 服务器网络部署
		2-1-6　能按照网络配置文件完成 Windows 服务器常见服务和应用的安装与配置	（1）部署并行文件系统或分布式文件系统时协助网络技术管理员配置 Windows 服务器相关参数 （2）按照网络配置文件配置 Windows 服务器网络安全策略 （3）按照网络配置文件根据 Windows 服务器用户需求实现计划任务控制 （4）按照网络配置文件配置 Windows 服务器双机热备实现方案

续表

职业功能模块	培训内容	技能目标	培训细目
2．修理与维护	2-1　计算机的安装与维护	2-1-6　能按照网络配置文件完成 Windows 服务器常见服务和应用的安装与配置	（5）根据用户需求按照网络配置文件安装与配置 Windows 服务器主流数据库软件 （6）按照网络配置文件实现 Windows 服务器集中式用户权限统一管理
	2-2　故障定位	2-2-1　能查验个人计算机部件上外观损坏的器件	（1）个人计算机机械运动及结构部件上零件外观查验及损坏程度判定 （2）个人计算机电子电器部件上零件外观查验及损坏程度判定
		2-2-2　能根据电路原理图使用万用表、示波器、逻辑分析仪等工具仪表定位个人计算机部件的故障	（1）产品电路原理图的认知 （2）使用仪器仪表判断故障
		2-2-3　能使用部件替换法确定服务器、专用计算机的故障部件	（1）部件替换法在服务器、专用计算机故障定位中的应用范围 （2）部件替换法在服务器、专用计算机故障定位中的实施
		2-2-4　能使用配件替换法确定服务器、专用计算机的故障部件	（1）配件替换法在服务器、专用计算机故障定位中的应用范围 （2）配件替换法在服务器、专用计算机故障定位中的实施
	2-3　故障修复	2-3-1　能排除常见 Windows 服务器操作系统及驱动程序问题	Windows 服务器常见操作系统软件及驱动程序问题的排除
		2-3-2　能在客户现场更换服务器、特种计算机部件排除主机故障	（1）维修信息和客户现场条件确认 （2）服务器、特种计算机现场部件更换
		2-3-3　能按照网络配置文件调整排除磁盘阵列（RAID）常见故障	（1）磁盘阵列故障原因分析 （2）磁盘阵列故障处理
		2-3-4　能在客户现场修复典型服务器故障	（1）服务器典型故障现场信息确认 （2）服务器典型故障现场修复
		2-3-5　能按照网络配置文件排除 Windows 服务器常见服务和应用问题	（1）按照网络配置文件分析 Windows 服务器系统服务降级问题

续表

职业功能模块	培训内容	技能目标	培训细目
2．修理与维护	2-3　故障修复	2-3-5　能按照网络配置文件排除 Windows 服务器常见服务和应用问题	（2）按照网络配置文件制定 Windows 服务器系统遭遇黑客攻击、病毒暴发等严重事件时的处理方案 （3）按照网络配置文件对 Windows 服务器产品及信息网络系统的潜在问题进行排除 （4）按照网络配置文件处理 Windows 服务器丢包与延迟
	2-4　测试与验机	2-4-1　能搭建计算机整机终检环境	（1）计算机整机终检环境搭建 （2）计算机整机终检人力资源配置
		2-4-2　能搭建计算机可修复备件终检及烤机环境	（1）可修复备件终检环境搭建 （2）可修复备件烤机环境搭建
		2-4-3　能对计算机备件进行终检、烤机和清洁	（1）计算机备件的终检和烤机 （2）计算机备件的清洁
		2-4-4　能组建计算机备件批量检测团队	（1）计算机备件批量检测团队岗位设置 （2）计算机备件批量检测团队人员配备
		2-4-5　能对修复的 Windows 服务器主机进行基本功能测试	（1）Windows 服务器服务请求时的故障排除确认测试 （2）Windows 服务器的烤机测试
3．物料及文件管理	3-1　工具管理	3-1-1　能按计算机维修服务站点相关规定指导和验收本维修服务站点接待区、维修车间设备设施的安装与布置	（1）计算机维修服务站点接待区、维修车间设备设施安装与布置流程、指导规范的认知 （2）安装和布置计算机维修服务站点接待区、维修车间设备设施
		3-1-2　能按计算机维修服务站点相关规定和规范，管理本维修服务站点的电烙铁、热风枪、示波器、万用表、工具箱等维修设备及工具的采买、折旧、使用和存储	（1）计算机维修服务站点维修设备及工具管理规范的认知 （2）管理计算机维修服务站点维修设备及工具

续表

职业功能模块	培训内容	技能目标	培训细目
3．物料及文件管理	3-2　备件管理	3-2-1　能根据计算机零器件包装及外壳上的文字和图形标识识别零器件的类别、型号、版本、性能等信息，并通过技术资料里的零器件列表查询相应的详细信息	（1）零器件的类别、型号、版本、性能等信息的识别 （2）零器件详细信息查询
		3-2-2　能规划、指导并监管本维修服务站点故障配件及包装材料的存放、返厂和环保处置	（1）维修服务站点故障配件及包装材料的存放管理 （2）维修服务站点故障配件及包装材料返厂和环保处置管理
		3-2-3　能根据规定制订本维修服务站点的备件储存和采购计划并实施	（1）制订计算机维修服务站点的备件储存和采购计划 （2）计算机维修服务站点的备件储存量和采购的日常管理
		3-2-4　能按规定流程对本维修服务站点的特殊配件需求或质量问题进行升级	（1）计算机特殊配件需求或质量问题的确定 （2）特殊配件需求或质量问题升级
	3-3　文件资料管理	3-3-1　能按照规范规划本维修服务站点的纸质文件、技术资料及各类单据的摆放、存储位置和方式	规划维修服务站点相关文件的摆放和存储
		3-3-2　能指导五级 / 初级工、四级 / 中级工填写纸质和电子维修服务单据，并对服务单据存放的合规性进行监管	（1）指导五级 / 初级工填写纸质和电子维修服务单据 （2）指导四级 / 中级工填写纸质和电子维修服务单据 （3）监管服务单据存放合规性
		3-3-3　能按规定确定本维修服务站点五级 / 初级工、四级 / 中级工使用计算机主机、备件技术资料和文件的权限并进行监管	（1）认知计算机维修服务站点技术资料和文件使用权限及保密制度 （2）监管计算机维修服务站点员工技术资料和文件日常使用
		3-3-4　能按规定确定本维修服务站点五级 / 初级工、四级 / 中级工保存、查看、上传和下载维修服务数据及用户数据的权限并进行监管	（1）认知计算机维修服务站点维修服务数据及用户数据使用权限及保密制度 （2）计算机维修服务站点员工维修服务数据及用户数据日常使用的监管

续表

职业功能模块	培训内容	技能目标	培训细目
4．维修体系管理	4-1 维修服务网络建设和管理	4-1-1 能根据计算机维修服务站点设立标准，规划或改进本维修服务站点的建设方案	（1）维修服务站点设立标准和建设方案的认知 （2）规划和改进本维修服务站点建设方案
		4-1-2 能根据计算机维修服务相关实施规定安排本维修服务站点工作人员的岗位，管理维修服务运行流程	（1）认知维修服务站点岗位设立标准和岗位人员安排准则 （2）安排本维修服务站点工作人员的岗位 （3）管理维修服务运行流程
		4-1-3 能在本维修服务站点部署计算机维修服务信息系统及 App 等维修网络在线工具，指导五级 / 初级工、四级 / 中级工完成注册、登录和权限内的正确使用	（1）认知计算机维修服务信息系统在维修服务站的部署方法和管理规定 （2）进行计算机专用维修服务信息系统及 App 工具部署 （3）指导五级 / 初级工、四级 / 中级工进行计算机专用维修服务信息系统及 App 工具使用
	4-2 培训与指导	4-2-1 能对本维修服务站点五级 / 初级工、四级 / 中级工现场维修服务操作进行示范与指导	（1）认知计算机维修服务技能操作规范常见问题及指导技巧 （2）认知四级 / 中级工用户现场服务常见问题和远程技术支持方法与技巧 （3）示范与指导维修服务站点五级 / 初级工、四级 / 中级工现场维修服务操作
		4-2-2 能根据安保规定对五级 / 初级工、四级 / 中级工涉及安全生产的操作行为进行示范和指导	（1）认知计算机维修服务安全生产的操作行为常见问题和应对方案 （2）进行对五级 / 初级工、四级 / 中级工安全生产操作行为的示范和指导
		4-2-3 能对五级 / 初级工、四级 / 中级工在维修工具、仪器仪表使用技能方面进行指导	（1）认知各类工具、仪器仪表的培训计划和培训指导规范 （2）五级 / 初级工、四级 / 中级工维修工具、仪器仪表使用技能的指导
5．数据分析与研究	5-1 数据收集	5-1-1 能根据规定定期收集本维修服务站点的维修服务单据、零配件和物料的领用与回收单据等	（1）认知计算机维修服务站点定期收集单据制度 （2）维修服务站点维修服务单据和物料领用与回收单据收集整理

续表

职业功能模块	培训内容	技能目标	培训细目
5. 数据分析与研究	5-1 数据收集	5-1-2 能使用计算机维修服务信息系统或移动App审批、查验、核实本维修服务站点的电子维修单据，以及零配件和物料的领用与回收单据等	(1) 使用在线系统工具审批、查验、核实计算机维修服务站点各类电子化单据 (2) 认知在线审批、查验、核实计算机维修服务站点各类电子化单据的特点
		5-1-3 能根据规定制作本维修服务站点的维修报表	(1) 认知计算机维修服务站点常用报表 (2) 制作计算机维修服务站点报表
	5-2 问题分析与研究	5-2-1 能根据问题升级机制的相关规定，使用专业语言上报本站点维修服务中遇到的非常规问题	(1) 界定计算机维修服务中的非常规问题 (2) 编写计算机维修服务非常规问题升级报告并实施升级操作
		5-2-2 能在二级/技师的指导下搭建技术测试和数据收集环境，并对技术测试与数据收集等维修服务方案的实施研究辅助工作	(1) 理解计算机技术测试和数据收集环境搭建方案 (2) 执行计算机技术测试及数据收集的研究辅助工作

2.1.5 二级/技师职业技能培训要求

职业功能模块	培训内容	技能目标	培训细目
1. 修理与维护	1-1 计算机的安装与维护	1-1-1 能对Linux服务器操作系统软件和驱动程序进行安装及更新	(1) Linux服务器操作系统软件的安装 (2) Linux服务器操作系统驱动程序的安装
		1-1-2 能对Linux服务器进行日常维护	(1) Linux服务器日常维护制度的认知 (2) Linux服务器的硬件日常维护 (3) Linux服务器的软件日常维护
		1-1-3 能对Linux服务器操作系统应用常见软硬件进行配置	(1) Linux服务器操作系统应用常见软件配置 (2) Linux服务器硬件配置
		1-1-4 能实现Linux服务器操作系统虚拟化	(1) Linux服务器操作系统虚拟化的认知 (2) Linux服务器操作系统虚拟化实现

续表

职业功能模块	培训内容	技能目标	培训细目
1．修理与维护	1-1 计算机的安装与维护	1-1-5 能按照网络配置文件对用户 Linux 服务器环境进行批量操作系统的部署和升级	（1）Linux 服务器操作系统批量部署的认知 （2）Linux 服务器操作系统批量部署和升级操作
		1-1-6 能对 Linux 服务器数据进行备份和恢复操作	（1）确认 Linux 服务器关键数据 （2）Linux 服务器备份策略和方式 （3）Linux 服务器数据的备份和恢复操作
		1-1-7 能按照网络配置文件配置 Linux 服务器负载均衡集群、高可用集群及网络部署等网络存储方案	（1）Linux 服务器负载均衡集群配置 （2）Linux 服务器高可用集群配置 （3）Linux 服务器网络部署
		1-1-8 能按照网络配置文件实现 Linux 服务器常见服务和应用的安装与配置	（1）部署并行文件系统或分布式文件系统时，按照网络配置文件配置 Linux 服务器相关参数 （2）按照网络配置文件配置 Linux 服务器双机热备方案 （3）按照网络配置文件实现集中式 Linux 服务器用户权限统一管理 （4）按照网络配置文件根据 Linux 服务器用户需求实现计划任务控制 （5）根据用户需求按照网络配置文件安装和设置 Linux 服务器主流数据库软件 （6）按照网络配置文件配置 Linux 服务器网络安全策略
	1-2 故障修复	1-2-1 能排除常见 Linux 服务器操作系统软件及驱动程序问题	Linux 服务器常见操作系统软件及驱动程序问题的排除
		1-2-2 能在用户现场使用配件替换法排除专用服务器及特殊功能辅助设备的故障，并完成相应调试	（1）在用户现场使用配件热替换法修复专用服务器及特殊功能辅助设备 （2）在用户现场中断故障服务器运行并更换配件

续表

职业功能模块	培训内容	技能目标	培训细目
1．修理与维护	1-2　故障修复	1-2-3　能根据厂商技术资料和故障定位检测结果，使用电烙铁、热风枪、吸锡器、锡炉、BGA焊接台等工具替换电子线路板等电子电器部件上的电子元器件	（1）使用计算机电子电器技术资料 （2）计算机电子电器部件典型元器件级替换维修 （3）计算机元器件级替换维修的注意事项
		1-2-4　能根据批量配件或组件修复流程技术资料，在元器件级维修翻新工厂组织团队批量修复回收的故障服务器配件和组件	（1）认知计算机元器件级维修翻新后配件或整机常规质量标准 （2）安排计算机主要电子部件批量修复和翻新典型设备设施及岗位
		1-2-5　能按照网络配置文件解决Linux服务器常见服务和应用问题	（1）定位和处理Linux服务器丢包与延迟问题 （2）按照网络配置文件分析Linux服务器系统服务降级问题的原因并解决问题 （3）按照网络配置文件对Linux服务器系统遭遇黑客攻击、病毒暴发等严重问题进行解决 （4）按照网络配置文件对Linux服务器系统产品及信息网络系统的潜在问题进行解决
	1-3　测试与验机	1-3-1　能根据技术资料领导团队搭建计算机或其备件的烤机环境并执行测试	（1）管理计算机整机产品的烤机工作 （2）管理计算机备件烤机工作
		1-3-2　能根据批量配件或组件终检（好备件入库）流程技术资料，在计算机元器件级维修翻新工厂组织团队对修复翻新后的计算机配件和组件进行入库前批量终检	（1）认知维修翻新后备件入库前终检的意义 （2）典型维修翻新备件终检实施管理
		1-3-3　能对修复的Linux服务器进行外观完备性确认	Linux服务器软件完备性确认
		1-3-4　能对修复的Linux服务器主机进行基本功能测试	（1）Linux服务器主机故障点修复确认 （2）Linux服务器主机基本功能确认

续表

职业功能模块	培训内容	技能目标	培训细目
2．物料及文件管理	2-1 工具管理	2-1-1 能按计算机维修服务相关规定，指导和验收元器件级维修翻新工厂的安防、消防、防静电、存贮、转运等设备设施的安装与布置	（1）元器件级维修翻新工厂设备设施的安装和布置规范的认知 （2）指导和验收相关设备设施的安装与布置
		2-1-2 能按照计算机维修服务站点相关规定和规范，监管维修服务网络各级站点内服务设备设施、维修用仪器仪表、个人维修工具的使用和保管状态	（1）计算机维修服务网络维修设备及工具分级配备标准及管理规范的认知 （2）监管维修服务网络各级站点内服务设备设施、维修用仪器仪表、个人维修工具的使用和保管状态
	2-2 备件管理	2-2-1 能根据规定、计算机产品技术资料及历史数据制定或修订计算机维修服务网络中各级站点的备机、备件的采购和库存标准并监督执行	（1）全维修服务网络中各级站点的备机、备件的采购和库存标准的制定或修订 （2）全维修服务网络中各级站点的备机、备件的采购和库存标准的监督执行
		2-2-2 能按照规定和流程对突发备件短缺或批量质量问题进行升级，并负责按照上级指示在维修服务网络实施应急处置方案	（1）突发备件短缺或批量质量问题的升级 （2）应急处置方案实施
	2-3 文件资料管理	2-3-1 能按规定制定或修订计算机维修服务网络中各级站点的纸质技术资料、维修服务宣传材料及各类单据的摆放、存储和保管的标准并监督执行	（1）制定或修订全维修服务网络中各级站点资料管理标准 （2）文件资料管理的监督执行
		2-3-2 能按规定监管计算机维修服务网络中各级服务站点工作人员使用技术资料和文件的合规性	监管计算机维修服务网络中各级服务站点三级／高级工及以下级别人员的技术资料和文件使用权限
		2-3-3 能按规定监管计算机维修服务网络中各级服务站点工作人员保存和查看维修服务及用户数据的合规性	监管计算机维修服务网络内各服务站点三级／高级工及以下级别人员的数据使用权限

续表

职业功能模块	培训内容	技能目标	培训细目
2．物料及文件管理	2–3　文件资料管理	2–3–4　能按规定为计算机维修服务网络中各级服务站点上传或更新计算机各类维修服务电子资料	（1）认知计算机维修服务电子资料的级别 （2）计算机维修服务电子资料上传、更新与常规管理
3．维修体系管理	3–1　维修服务网络建设和管理	3–1–1　能根据计算机维修服务网络管理政策，发展和认定各级维修服务站点	（1）站点认定标准及管理规定的认知 （2）各级维修服务站点的发展和认定
		3–1–2　能根据市场情况，制订计算机维修服务站点拓展计划	（1）当前市场需求分析 （2）计算机维修服务站点拓展计划制订
		3–1–3　能按规定审批维修服务站点的建设或改造方案	（1）审批计算机维修服务站点建设和改造方案 （2）计算机维修服务站点建成后验收
		3–1–4　能对整个维修服务网络的计算机维修服务信息系统的账户与权限进行管理，并监管在线维修服务系统的部署和应用	（1）维修服务网络的计算机维修服务信息系统账户与权限管理 （2）监管在线维修服务系统的部署和应用
	3–2　培训与指导	3–2–1　能对三级 / 高级工及以下级别人员进行计算机维修技术培训和线上自学的监管与指导	（1）服务站人员培训计划的实施流程和计算机维修理论技术培训方法的认知 （2）对三级 / 高级工及以下级别人员进行计算机维修技术的培训 （3）对三级 / 高级工及以下级别人员进行线上自学的监管和指导
		3–2–2　能对三级 / 高级工及以下级别人员进行政策、法律法规培训	（1）法律法规和政策培训计划及培训指导文件的识读 （2）按照培训计划和规范实施培训
		3–2–3　能按培训计划进行投诉、纠纷处理案例培训	（1）投诉、纠纷处理案例培训计划和培训指导文件的识读 （2）按照培训计划和规范实施培训
		3–2–4　能按培训计划进行个人隐私数据、商业机密数据等的保密制度和保密安全流程培训	（1）计算机安全保密制度和流程培训方案的认知 （2）按照培训计划和规范实施培训

续表

职业功能模块	培训内容	技能目标	培训细目
4．数据分析与研究	4-1　数据收集	4-1-1　能根据规定指导下属员工定期收集计算机维修服务网络的维修服务单据、零配件和物料的领用与回收单据，并进行分类整理	（1）根据需求及相关条件，选择定期从计算机维修服务网络中收集各种单据的方式 （2）根据需求分类整理计算机维修服务单据 （3）根据需求分类整理零配件和物料的领用与回收单据
		4-1-2　能根据规定使用计算机维修服务信息系统和移动App在线审批、查验、核实服务网络的电子维修单据，以及零配件和物料的领用与回收单据	（1）在线管理计算机维修服务网络的电子维修单据 （2）在线管理计算机维修服务网络的料件使用电子单据
		4-1-3　能根据规定制作服务网络的维修数据报表	（1）计算机维修网络与站点报表的联系和区别的认知 （2）制作全计算机维修服务网络报表
	4-2　问题分析与研究	4-2-1　能按计算机相关技术文件及一级/高级技师等上级的指令，指导维修服务站点搭建新产品、新配件、新维修维护方案的测试环境	（1）认知组织搭建新开发计算机维修维护方案的测试验证环境的目的和意义 （2）新开发计算机维修维护方案测试验证环境组织搭建工作的主要事项
		4-2-2　能对计算机新产品、新配件、新维修维护方案进行测试，并按规定收集测试数据，制作及上报测试报告	（1）执行新开发维修维护方案的测试 （2）制作及上报新开发维修维护方案的测试报告
		4-2-3　能对新的测试脚本、软件工具进行验证	（1）验证新批量测试用脚本 （2）验证新的专用测试软件工具

2.1.6　一级/高级技师职业技能培训要求

职业功能模块	培训内容	技能目标	培训细目
1．修理与维护	1-1　计算机的维护和保养	1-1-1　能对UNIX和类UNIX服务器操作系统软件和驱动程序进行安装及更新	（1）UNIX和类UNIX服务器操作系统软件的安装及更新 （2）UNIX和类UNIX服务器操作系统驱动程序的安装及更新

续表

职业功能模块	培训内容	技能目标	培训细目
1．修理与维护	1-1　计算机的维护和保养	1-1-2　能对UNIX和类UNIX服务器操作系统应用常见软硬件进行配置	(1) UNIX和类UNIX服务器操作系统应用常见软件配置 (2) UNIX和类UNIX服务器硬件配置
		1-1-3　能对UNIX和类UNIX服务器进行日常维护	(1) UNIX和类UNIX服务器日常维护制度的认知 (2) UNIX和类UNIX服务器的硬件日常维护 (3) UNIX和类UNIX服务器的软件日常维护
		1-1-4　能按照网络配置文件对用户UNIX和类UNIX服务器环境进行批量操作系统的部署和升级	(1) UNIX和类UNIX服务器批量操作系统部署的认知 (2) UNIX和类UNIX服务器批量操作系统的部署和升级操作
		1-1-5　能对UNIX和类UNIX服务器数据进行备份和恢复操作	(1) 确认UNIX和类UNIX服务器关键数据 (2) UNIX和类UNIX服务器备份策略和方式 (3) UNIX和类UNIX服务器数据的备份和恢复操作
		1-1-6　能按照网络配置文件配置UNIX和类UNIX服务器负载均衡集群、高可用集群及网络部署等网络存储方案	(1) UNIX和类UNIX服务器负载均衡集群配置 (2) UNIX和类UNIX服务器高可用集群配置 (3) UNIX和类UNIX服务器网络部署
		1-1-7　能按照网络配置文件实现UNIX和类UNIX服务器常见服务和应用的安装与配置	(1) 根据用户需求按照网络配置文件安装、设置UNIX和类UNIX服务器主流数据库软件 (2) 按照网络配置文件配置UNIX和类UNIX服务器双机热备实现方案 (3) 按照网络配置文件根据用户需求实现UNIX和类UNIX服务器计划任务控制 (4) 按照网络配置文件配置UNIX和类UNIX服务器环境及安全策略 (5) 在部署并行文件系统或分布式文件系统时，按照网络配置文件配置UNIX和类UNIX服务器相关参数

续表

职业功能模块	培训内容	技能目标	培训细目
1．修理与维护	1-1　计算机的维护和保养	1-1-7　能按照网络配置文件实现 UNIX 和类 UNIX 服务器常见服务和应用的安装与配置	（6）按照网络配置文件实现集中式 UNIX 和类 UNIX 服务器用户权限统一管理
	1-2　故障修复	1-2-1　能排除 UNIX 和类 UNIX 服务器操作系统软件及驱动程序常见问题	UNIX 和类 UNIX 服务器操作系统软件及驱动程序常见问题的排除
		1-2-2　能在计算机厂商的技术支持下，处理缺乏技术资料的故障现象，更换故障部件并进行修复	（1）计算机故障备件更换预案的识读 （2）故障部件更换和修复
		1-2-3　能在计算机厂商的配合下，制定批量故障配件或组件修复、翻新的操作方法和流程，并指导二级 / 技师在计算机零器件级维修工厂组织团队实施	（1）零器件级批量修复翻新方法和流程的制定 （2）零器件级修复翻新的监督与指导
		1-2-4　能按照网络配置文件排除 UNIX 和类 UNIX 服务器常见服务和应用问题	（1）定位和处理 UNIX 和类 UNIX 服务器丢包与延迟问题 （2）按照网络配置文件分析 UNIX 和类 UNIX 服务器系统服务降级问题的原因并解决 （3）按照网络配置文件对 UNIX 和类 UNIX 服务器产品及信息网络系统的潜在问题进行排除 （4）按照网络配置文件对 UNIX 和类 UNIX 服务器系统遭遇黑客攻击、病毒暴发等严重事件进行判断和定位
	1-3　测试与验机	1-3-1　能对修复的 UNIX 和类 UNIX 服务器进行外观完备性确认	UNIX 和类 UNIX 服务器完备性确认
		1-3-2　能对修复的 UNIX 和类 UNIX 服务器主机进行基本功能测试	（1）UNIX 和类 UNIX 服务器主机故障点修复确认 （2）UNIX 和类 UNIX 服务器主机基本功能确认

续表

职业功能模块	培训内容	技能目标	培训细目
1．修理与维护	1-3　测试与验机	1-3-3　能制定针对计算机及相关附件辅助设备配件、组件、元器件的烤机方案并指导低级别工程师实施	（1）计算机整机产品的可靠性验证（烤机测试）方案的制定和指导实施 （2）计算机整机及相关部件维修服务方案的可靠性验证（烤机测试）方案的制定和指导实施 （3）计算机软件可靠性验证（烤机测试）方案的制定和指导实施
		1-3-4　能制定计算机好备件质量标准和入库前终检方案，并指导二级/技师在计算机元器件级维修翻新工厂组织终检及质量控制团队实施	（1）制定计算机元器件级维修翻新备件质量标准 （2）制定典型计算机维修翻新备件入库前终检方案和操作流程
2．物料及文件管理	2-1　工具管理	2-1-1　能制定或修订计算机维修服务各级站点及元器件级维修翻新工厂的安防、消防、防静电、存储、转运等设备设施的配备、安装与布置标准和相关规范	（1）制定或修订计算机维修服务场所基础设备设施配备标准 （2）制定或修订计算机维修服务场所基础设备设施管理规范
		2-1-2　能根据技术资料，制定计算机维修服务工具的配备、采买、申领、使用、保管、保养、报废的操作流程及实施规范	（1）制定各级计算机维修工个人工具管理规范 （2）制定各类计算机维修服务场所仪器仪表与大型工具管理规范
		2-1-3　能参与计算机维修服务工具管理系统的开发和升级	（1）维修服务工具管理系统升级需求的认知 （2）维修服务工具管理系统的开发和升级
	2-2　备件管理	2-2-1　能制定或修订计算机维修服务各级站点及元器件级维修翻新工厂的备机、备件的采买、申领、使用及库存等管理制度	备机、备件的采买、申领、使用及库存等管理制度的制定或修订
		2-2-2　能制定或修订计算机维修服务各级站点及元器件级维修翻新工厂故障备件的回收、环保处置、废弃及存储等管理制度	故障备件管理制度的制定或修订

续表

职业功能模块	培训内容	技能目标	培训细目
2．物料及文件管理	2-2　备件管理	2-2-3　能参与开发和升级计算机备件管理系统或移动端 App	（1）编制开发和升级计算机备件管理系统业务需求手册 （2）开发和升级计算机备件管理系统过程中的管理与沟通
	2-3　文件资料管理	2-3-1　能制定和修订计算机维修服务制度文件、保修政策、收费标准、维修技术文件	（1）制定和修订计算机维修服务制度文件 （2）制定和修订计算机维修服务保修政策 （3）制定和修订计算机维修服务收费标准 （4）制定和修订计算机维修服务维修技术文件
		2-3-2　能制定和修订计算机各类维修服务单据及使用规范	（1）设计和制定计算机维修服务单据 （2）制定和修订计算机维修服务纸质单据使用规范
		2-3-3　能制定和修订计算机维修服务电子资料、单据、数据的上传、存储、更新、查阅和下载的规范	制定和修订计算机维修服务电子资料及单据使用规范
		2-3-4　能参与开发和升级计算机维修服务单据流程、数据资料在线管理系统及相应的移动端 App	（1）编制开发计算机维修服务管理信息系统业务需求手册 （2）计算机维修服务管理信息系统的更新与升级
3．维修体系管理	3-1　维修服务网络建设和管理	3-1-1　能制定和修订计算机维修服务站点的设立和分级认定标准，以及维修服务网络的拓展策略，并指导二级／技师实施	（1）制定和修订计算机维修服务站点的设立和分级认定标准 （2）制定和修订计算机维修服务网络的拓展策略
		3-1-2　能制定和修订计算机维修服务网络和站点的业绩考核、客户满意度及成本控制等制度与运营指标，并指导二级／技师或维修服务站点负责人实施	（1）制定计算机维修服务网络和站点运营指标 （2）分析计算机维修服务网络和站点运营指标的修订因素
	3-2　培训与指导	3-2-1　能制订计算机维修人员培训计划	（1）认知和制订计算机维修技术人员培训计划 （2）管理计算机维修技术人员培训计划的实施
		3-2-2　能选定或编写计算机维修技术培训资料	（1）确认培训资料选择标准和编写规范 （2）计算机维修技术培训资料选定或编写

续表

职业功能模块	培训内容	技能目标	培训细目
3．维修体系管理	3-2 培训与指导	3-2-3 能制定计算机维修技术服务培训场地的设立规范	(1) 制定各类计算机维修技术服务培训场地设立规范 (2) 计算机维修技术服务培训场地的新技术应用
		3-2-4 能参与计算机维修技术在线培训学习系统或专用 App 的开发和推广	(1) 协助开发人员进行在线培训学习系统或专用 App 的开发 (2) 测试验收在线培训学习系统或专用 App 运行和功能 (3) 进行在线培训学习系统或专用 App 的推广
4．数据分析与研究	4-1 数据收集	4-1-1 能设计、制定和修订各类计算机维修服务统计、质量控制、成本与收益等报表	(1) 设计与制定计算机维修服务各类统计报表 (2) 修订计算机维修服务各类统计报表
		4-1-2 能制定并指导三级 / 高级工、二级 / 技师和维修服务站点负责人建立各类报表的收集机制	(1) 制定计算机维修服务报表收集机制 (2) 指导各类报表收集负责人执行报表收集工作
		4-1-3 能制定人工电话与大数据技术相结合的维修服务数据收集分析制度和实施方案	(1) 认知人工电话及大数据技术收集和分析计算机服务数据 (2) 人工电话及大数据技术收集和分析计算机服务数据
		4-1-4 能针对突发的技术事件制定相应的数据收集策略	(1) 界定和发现突发的技术事件 (2) 制定突发技术事件数据的收集策略
	4-2 问题分析与研究	4-2-1 能在计算机厂商的支持下，针对缺乏技术资料的故障现象，使用维修及测试工具检查计算机内各配件和组件的状态；确定故障部件并编制故障定位流程和方法	(1) 零器件替换法的检测应用 (2) 配件、组件故障定位流程的编制
		4-2-2 能在计算机厂商的配合下制定故障配件或组件的批量检测流程，并制定零器件级维修方案	(1) 批量对计算机故障配件进行故障定位 (2) 零器件级批量维修翻新计算机配件或组件的方案设计
		4-2-3 能根据数据分析结果改进计算机维修维护流程、方法并修订改进计划方案	(1) 判断是否需要改进计算机维修维护流程和方法 (2) 改进计算机维修维护流程和方法并修订改进计划方案

续表

职业功能模块	培训内容	技能目标	培训细目
4．数据分析与研究	4-2 问题分析与研究	4-2-4 能根据维修数据设计、改善维修操作环境，并指导二级／技师和三级／高级工实施	（1）制定计算机维修服务的操作环境设计或改善方案 （2）指导二级／技师和三级／高级工实施维修服务操作环境建设和改善计划
		4-2-5 能根据研究测试结果制定计算机维修服务与用户应对方案	（1）认知开展计算机维修服务与用户应对研究的必要性 （2）制定计算机维修服务与用户应对方案
		4-2-6 能对计算机维修服务信息系统提交的报表和数据进行分析，并针对发现的服务质量、产品质量问题制定改进措施	（1）根据计算机维修服务报表，分析服务及产品质量数据 （2）制定计算机服务与产品质量问题发现与改进措施
		4-2-7 能通过分析计算机维修报表和数据，改进成本控制方案和服务价格定价策略	（1）分析计算机维修服务报表，发现成本控制问题并制定改进措施 （2）分析计算机维修服务报表，发现定价策略问题并制定改进方案
		4-2-8 能通过分析计算机服务报表所发现的用户数据安全保障问题，修订用户数据安全保障策略	（1）分析个人计算机维修服务报表，发现用户数据安全保障问题并制定改进措施 （2）分析服务器维修服务报表，发现用户数据安全保障问题并制定改进措施
		4-2-9 能根据计算机维修数据设计、编写检测调试用的脚本和软件工具	（1）制作批量测试用脚本并制定验证方案 （2）挑选专用测试目的软件工具并制定验证方案
		4-2-10 能参与计算机维修服务系统的开发	（1）确定和编制计算机维修服务系统开发需求 （2）测试和验收计算机维修服务系统
		4-2-11 能根据业务运行情况协助开发人员更新或升级计算机维修服务系统	（1）确定计算机维修服务系统更新或升级需求 （2）协助开发人员更新或升级计算机维修服务系统

2.2 课程规范

2.2.1 职业基本素质培训课程规范

模块	课程	学习单元	课程内容	培训建议	课堂学时
1．职业道德	1-1 职业道德基本知识	职业道德基本知识	1）道德与职业道德的基本规范 2）计算机维修工作中的职业道德具体表现	（1）方法：讲授法、案例教学法 （2）重点与难点：职业道德在计算机维修工作中的具体表现	1
	1-2 职业守则	计算机维修工职业守则	1）爱岗敬业，遵纪守法 2）诚实守信，品行端正 3）礼貌热情，尊重客户 4）认真严谨，忠于职守 5）勤奋好学，谦虚诚恳 6）钻研业务，积极进取 7）计算机维修工职业守则相关案例分析	（1）方法：讲授法、案例教学法 （2）重点与难点：计算机维修工职业守则相关案例分析	1
2．基础知识	2-1 电子电气基础知识	（1）电子电路知识	1）模拟电路基本功能及应用 2）数字电路基本功能及应用	（1）方法：讲授法 （2）重点与难点：模拟电路、数字电路基本功能及应用	2
		（2）电气系统知识	1）电气系统的基本概念 2）低压配电系统在计算机系统中的应用	（1）方法：讲授法、演示法 （2）重点与难点：低压配电系统在计算机系统中的应用	2

续表

模块	课程	学习单元	课程内容	培训建议	课堂学时
2．基础知识	2-1　电子电气基础知识	（3）电子元器件知识	1）电子电器产品的零配件常识	（1）方法：讲授法、演示法 （2）重点：电子电器产品的零配件常识 （3）难点：数字集成电路元器件分类及用途	2
			2）常见模拟元器件分类及用途		
			3）数字集成电路元器件分类及用途		
	2-2　计算机基础知识	（1）计算机产品定义及发展简史	1）计算机产品定义及分类	（1）方法：讲授法、演示法 （2）重点与难点：计算机产品定义及分类认知	2
			2）计算机发展史及主要品牌和制造商认知		
			3）计算机发展史与未来		
		（2）计算机组成和基本运行原理	1）计算机硬件系统构成与主要部件认知	（1）方法：讲授法、演示法、案例教学法 （2）重点：计算机硬件系统主要部件认知、常用系统软件与应用软件认知 （3）难点：计算机基本运行原理	3
			2）计算机软件系统架构、常用系统软件与应用软件认知		
			3）计算机基本运行原理		
		（3）计算机外围设备认知	1）计算机外围设备的定义及常见产品类型	（1）方法：讲授法、演示法 （2）重点：计算机外围设备的定义 （3）难点：计算机和外围设备的主要连接方案及基本使用方法	3
			2）计算机和外围设备的主要连接方案及基本使用方法		
		（4）计算机网络基础知识	1）计算机网络定义和发展史	（1）方法：讲授法 （2）重点：计算机网络系统架构的常见类别 （3）难点：机房设备、设施的基本常识认知	4
			2）计算机网络系统架构的常见类别		
			3）计算机网络机房设备、设施的基本常识		
			4）计算机网络连接媒介和综合布线常识		

续表

<table>
<tr><th>模块</th><th>课程</th><th>学习单元</th><th>课程内容</th><th>培训建议</th><th>课堂学时</th></tr>
<tr><td rowspan="10">2．基础知识</td><td rowspan="2">2–3 计算机结构件常识</td><td rowspan="2">计算机结构件常识</td><td>1）计算机外观结构件主要类别</td><td rowspan="2">（1）方法：讲授法、演示法
（2）重点与难点：计算机结构件主要类别</td><td rowspan="2">2</td></tr>
<tr><td>2）计算机内部结构件主要类别</td></tr>
<tr><td rowspan="6">2–4 计算机产品常见标识符号和性能参数</td><td rowspan="2">（1）电子电气符号和性能参数</td><td>1）常用电子电气符号</td><td rowspan="2">（1）方法：讲授法、演示法
（2）重点：常用电子电器符号
（3）难点：标准电子电气性能参数</td><td rowspan="2">2</td></tr>
<tr><td>2）标准电子电气性能参数</td></tr>
<tr><td rowspan="2">（2）计算机产品结构件及包装材料件的标识</td><td>1）产品结构件标识识别
①材质
②机械性能
③拆装要求
④废弃环保要求</td><td rowspan="2">（1）方法：讲授法、演示法
（2）重点与难点：产品结构件标识识别</td><td rowspan="2">1</td></tr>
<tr><td>2）包装材料件标识识别
①材质
②摆放要求
③运输要求
④储存要求
⑤拆装要求
⑥废弃环保要求</td></tr>
<tr><td rowspan="2">（3）计算机产品性能与功能的识别方法</td><td>1）计算机机身铭牌及产品包装标签的识读</td><td rowspan="2">（1）方法：讲授法、演示法
（2）重点：计算机机身铭牌及产品包装标签的识读
（3）难点：使用用户手册及相应技术资料查询计算机产品操作方法及性能参数</td><td rowspan="2">1</td></tr>
<tr><td>2）使用用户手册及相应技术资料查询计算机产品操作方法及性能参数</td></tr>
<tr><td rowspan="3">2–5 工具、仪器、仪表的基本使用方法</td><td rowspan="3">（1）结构件拆装工具的分类及使用方法</td><td>1）手动旋具常见规格和使用方法</td><td rowspan="3">（1）方法：讲授法、演示法
（2）重点：手动旋具使用方法
（3）难点：手动旋具和电动旋具操作中的注意事项</td><td rowspan="3">2</td></tr>
<tr><td>2）电动旋具使用方法</td></tr>
<tr><td>3）其他拆装工具及工作台</td></tr>
</table>

续表

模块	课程	学习单元	课程内容	培训建议	课堂学时
2. 基础知识	2-5 工具、仪器、仪表的基本使用方法	(2) 主要电子线路测试、维修设备的认知及使用方法	1) 万用表基本原理和使用方法	(1) 方法：讲授法、演示法、案例教学法 (2) 重点：万用表基本原理和使用方法 (3) 难点：示波器、逻辑分析仪、焊接工具及设备的使用方法	4
			2) 示波器的基本原理和操作方法		
			3) 逻辑分析仪的基本原理和操作方法		
			4) 电子线路焊接工具及设备分类和使用方法		
			5) 焊接辅料 ①种类 ②使用方法 ③储存运输方法 ④废弃环保要求		
		(3) 计算机维修中常用的软硬件测试工具	1) 计算机专用故障诊断卡的使用方法	(1) 方法：讲授法、演示法、案例教学法 (2) 重点：计算机专用故障诊断卡的使用方法 (3) 难点：稳定性测试（烤机）环境搭建及应用方法	4
			2) 计算机整机及配件常用测试软件的认知		
			3) 计算机产品专用网络性能测试工具的使用		
			4) 稳定性测试（业内通常称为“烤机”）环境搭建及应用方法		
	2-6 安全生产知识	安全生产知识	1) 计算机维修工安全操作常识	(1) 方法：讲授法、案例教学法 (2) 重点与难点：安全用电、防静电、安全保密知识	3
			2) 安全用电、防电磁辐射常识		
			3) 防火防爆知识		
			4) 防静电知识		
			5) 相关有毒有害物质预防知识		
			6) 安全保密知识		
			7) 部分国家和地区用电规范		

续表

模块	课程	学习单元	课程内容	培训建议	课堂学时
2．基础知识	2-7 相关法律、法规知识	相关法律、法规知识	1）《中华人民共和国民法典》相关知识 2）《中华人民共和国劳动法》相关知识 3）《中华人民共和国劳动合同法》相关知识 4）《中华人民共和国消费者权益保护法》相关知识 5）《中华人民共和国产品质量法》相关知识 6）《中华人民共和国保守国家秘密法》相关知识 7）《中华人民共和国网络安全法》相关知识 8）《中华人民共和国密码法》相关知识 9）《中华人民共和国知识产权法》相关知识 10）《中华人民共和国安全生产法》相关知识 11）《中华人民共和国环境保护法》相关知识 12）《中华人民共和国广告法》相关知识 13）《中华人民共和国数据安全法》相关知识 14）《中华人民共和国个人信息保护法》相关知识 15）《计算机信息网络国际联网安全保护管理办法》相关知识	（1）方法：讲授法、案例教学法 （2）重点与难点：劳动关系、产品质量、服务质量、安全保密、生产安全、环保等相关条款	1
课堂学时合计					40

2.2.2　五级 / 初级职业技能培训课程规范

<table>
<tr><th>模块</th><th>课程</th><th>学习单元</th><th>课程内容</th><th>培训建议</th><th>课堂学时</th></tr>
<tr><td rowspan="6">1．服务的受理与交付</td><td rowspan="6">1-1　远程服务请求应对</td><td rowspan="3">（1）计算机产品用户的语音服务</td><td>1）客户服务电话业务
①定义
②发展史
③基本运作模式</td><td rowspan="3">（1）方法：讲授法、演示法、讨论法、案例教学法
（2）重点：常用计算机产品专业术语
（3）难点：与计算机产品用户的语音沟通</td><td rowspan="3">3</td></tr>
<tr><td>2）常用计算机产品专业术语
①中文专业术语
②英文专业术语（含简称）</td></tr>
<tr><td>3）与计算机产品用户的语音沟通
①电子信息服务行业服务接待规范用语
②常见沟通问题与应对技巧</td></tr>
<tr><td rowspan="3">（2）产品手册和技术资料在客户服务受理时的应用</td><td>1）常规计算机产品手册和技术资料
①用户手册（使用说明书）
②安全手册
③知识产权说明文件
④客户服务手册或指南
⑤维修维护手册
⑥配件手册或目录
⑦技术更新或升级手册
⑧其他技术资料和文件</td><td rowspan="3">（1）方法：讲授法、演示法、讨论法
（2）重点与难点：查阅计算机产品手册和厂商技术资料的方法</td><td rowspan="3">3</td></tr>
<tr><td>2）查阅计算机产品手册和厂商技术资料的方法</td></tr>
<tr><td>3）指导客户利用用户手册（使用说明书）解决个人计算机存放、操作和维护问题</td></tr>
</table>

续表

模块	课程	学习单元	课程内容	培训建议	课堂学时
1. 服务的受理与交付	1-1 远程服务请求应对	（3）计算机维修服务政策解读	1）计算机维修服务政策的主要内容 ①产品的送货安装服务 ②保修政策 ③产品维护与保养政策 ④维修及售后相关服务的收费政策 ⑤产品的回收与环保政策 ⑥其他相关服务政策	（1）方法：讲授法、演示法、讨论法、案例教学法 （2）重点与难点：计算机维修服务政策的主要内容，常见计算机产品维修服务政策的问题解答	3
			2）计算机产品维修服务政策查询方法 ①新产品的随机文件 ②产品制造商或销售商官网及其他官方在线平台 ③客户服务热线		
			3）常见计算机产品维修服务政策问题解答 ①上门服务问题 ②保修范围及保修期内服务收费问题 ③到货即损的处置方法 ④服务及配件费用公示及收取争议 ⑤产品兼容性引起的服务政策争议		
		（4）计算机维修服务流程	1）维修服务请求（报修） ①电话报修 ②在线服务请求 ③到店服务	（1）方法：讲授法、演示法、讨论法 （2）重点：维修服务的受理与交付方法	5
			2）维修服务受理 ①厂商维修服务站点受理 ②客户使用现场受理 ③电话或在线受理与处置		

续表

模块	课程	学习单元	课程内容	培训建议	课堂学时
1．服务的受理与交付	1-1　远程服务请求应对	（4）计算机维修服务流程	3）维修服务实施 ①厂商维修服务站点服务 ②客户使用现场服务实施 ③电话或在线支持服务	（3）难点：维修服务实施	
			4）服务交付 ①验机与交付 ②服务费用收取		
			5）客户服务满意度跟踪和评价		
		（5）计算机驱动程序、固件和专用软件工具的安装方法	1）安装计算机驱动程序 ①下载和其他获取方法 ②安装和配置 ③升级方法	（1）方法：讲授法、演示法、讨论法、案例教学法 （2）重点与难点：计算机驱动程序与固件的获取及安装方法	2
			2）安装计算机固件和专用软件工具 ①固件和专用软件工具的使用政策 ②下载和其他获取方法 ③安装和配置 ④升级方法		
	1-2　维修服务受理	（1）接待服务区环境准备和服务设施设备状态确认	1）计算机维修服务站点客户接待服务区环境的准备	（1）方法：讲授法、案例教学法 （2）重点与难点：确认服务设施设备状态	2
			2）确认服务设施设备状态 ①测试机及其他测试工具 ②电源供电系统 ③网络设施设备 ④信息登记用计算机 ⑤其他设施设备		

续表

模块	课程	学习单元	课程内容	培训建议	课堂学时
1．服务的受理与交付	1-2　维修服务受理	（2）填写用户信息、机器信息、服务诉求信息	1）维修服务单据的信息填写 ①用户信息 ②机器信息 ③服务诉求信息 2）专用维修服务系统的信息填写 ①用户信息 ②机器信息 ③服务诉求信息	（1）方法：讲授法、案例教学法 （2）重点与难点：专用维修服务系统的信息填写	2
		（3）个人计算机故障现象的确认和记录	1）个人计算机故障再现测试 ①故障现象描述与沟通 ②故障再现与测试方法 2）故障现象记录	（1）方法：讲授法、案例教学法 （2）重点与难点：个人计算机故障再现测试	2
		（4）维修服务方案的告知和记录	1）维修服务方案的告知 ①措施 ②时效 ③费用预估 ④计划措施 2）用户维修服务方案的记录	（1）方法：讲授法、案例教学法 （2）重点与难点：维修服务方案的告知	2
		（5）客户服务接待区待修机的摆放	1）待修机的摆放要求 2）待修机的正确摆放 ①机器的位置 ②相应的服务单据摆放 ③待修机的相关标记	（1）方法：讲授法、案例教学法 （2）重点与难点：待修机的摆放要求	2
	1-3　维修服务完成与交付	（1）提取用户待取机	1）用户取机的规定和流程 ①取机规定 ②取机流程 2）用户待取机的提取方法 ①纸质取机单 ②电子取机单	（1）方法：讲授法、案例教学法 （2）重点与难点：用户取机的规定和流程	2

续表

模块	课程	学习单元	课程内容	培训建议	课堂学时
1．服务的受理与交付	1-3 维修服务完成与交付	（2）待取机验机	1）待取机信息核对 ①单据信息与待取机信息核对 ②软硬件配置核对 ③维修服务信息执行核对 2）待取机验机操作 ①修复机验机 ②未修复机交付 3）客户取机过程的沟通技巧	（1）方法：讲授法、案例教学法 （2）重点与难点：待取机验机操作	2
		（3）个人计算机维修服务费用收取与服务信息记录	1）个人计算机维修服务费用项目及收费标准 2）个人计算机维修服务信息记录 ①费用确认 ②其他信息	（1）方法：讲授法、案例教学法 （2）重点：个人计算机维修服务费用项目及收费标准	2
	1-4 用户服务评价及应对措施	（1）获取用户服务评价	1）制定服务评价方案 ①服务评价信息 ②服务评价规范 2）获取用户服务评价的实施方法 ①按服务评价流程和规范实施 ②获取服务评价过程中的注意事项和技巧	（1）方法：讲授法、案例教学法 （2）重点与难点：获取用户服务评价	2
		（2）个人计算机用户常见投诉问题及处置方法	1）处置个人计算机用户常见投诉问题的技术资料 ①用户手册或使用手册相关内容 ②相关法律法规条款或相关内容 ③厂商官方应对或处置文件 ④其他投诉问题技术资料	（1）方法：讲授法、案例教学法	2

续表

模块	课程	学习单元	课程内容	培训建议	课堂学时
1．服务的受理与交付	1–4 用户服务评价及应对措施	（2）个人计算机用户常见投诉问题及处置方法	2）处置个人计算机用户常见投诉问题 ①产品质量和技术相关常见投诉问题及处置方法 ②服务类常见投诉问题及处置方法 ③其他投诉问题及处置方法	（2）重点与难点：处置个人计算机用户常见投诉问题	
		（3）投诉问题的升级	1）投诉问题升级制度 ①问题升级制度的意义 ②问题升级基本流程	（1）方法：讲授法、案例教学法 （2）重点与难点：根据问题升级制度上报用户投诉事件	2
			2）根据问题升级制度上报用户投诉事件 ①需要实施问题升级的典型用户投诉类型 ②用户安抚及沟通技巧 ③升级报告编写方法		
2．修理与维护	2–1 计算机的安装与维护	（1）个人计算机主机放置和附件安装	1）个人计算机主机放置和附件安装相关资料的认知 ①主机制造商的相关资料 ②第三方附件制造商的相关资料 ③厂商发布的其他官方安装资料	（1）方法：讲授法、演示法 （2）重点：个人计算机主机放置和附件安装	2
			2）个人计算机主机放置和附件安装 ①电源线 / 电源适配器 / 网线等 ②显示器 ③键盘、鼠标 ④电池		
		（2）个人计算机外设的连接和设置	1）投影机、大屏等专用显示设备的连接和设置 ①有线连接 ②无线连接	（1）方法：讲授法、演示法、案例教学法	2

续表

模块	课程	学习单元	课程内容	培训建议	课堂学时
2．修理与维护	2-1 计算机的安装与维护	（2）个人计算机外设的连接和设置	2）打印设备的连接和设置 ①有线连接 ②无线连接 3）音频设备的连接和设置 ①有线连接 ②无线连接 4）其他设备的连接和设置 ①有线连接 ②无线连接	（2）重点与难点：专用显示设备的连接和设置，打印设备的连接和设置	
		（3）个人计算机软件的初始化安装	1）个人计算机软件安装方式 ①附带存储介质 ②官方网站下载 ③其他方式 2）个人计算机软件的初始化安装 ①BIOS 初始化设置 ②操作系统初始化配置 ③软件版本确认 ④厂商附带软件初始化安装	（1）方法：讲授法、演示法 （2）重点与难点：个人计算机软件的初始化安装	1
		（4）指导用户实现个人计算机的各项功能	1）实现个人计算机各项功能所需技术支持资料 ①主机制造商的用户（操作）手册等资料 ②第三方软件提供及附件制造商的相关资料 ③厂商发布的其他官方资料 2）个人计算机基本功能实现的用户指导 ①上网操作 ②文字编辑 ③图形图像处理 ④即时通信	（1）方法：讲授法、演示法	2

续表

模块	课程	学习单元	课程内容	培训建议	课堂学时
2．修理与维护	2-1 计算机的安装与维护	（4）指导用户实现个人计算机的各项功能	⑤打印操作 ⑥收发邮件 ⑦其他操作	（2）重点与难点：个人计算机基本功能实现的用户指导	
		（5）个人计算机外观清洁和日常维护保养	1）个人计算机外观及部件状态确认	（1）方法：讲授法、演示法 （2）重点与难点：个人计算机用户级别的日常保养	2
			2）个人计算机用户级别的外观清洁和日常保养 ①外观清洁 ②显示器日常保养 ③键盘、鼠标日常保养 ④电源日常保养 ⑤光驱日常保养		
	2-2 故障定位	（1）防静电服装、工具和措施	1）防静电服装的穿戴 ①防静电服 ②防静电鞋 ③防静电手套 ④其他	（1）方法：讲授法、演示法 （2）重点与难点：防静电操作规范	1
			2）防静电工具的使用 ①防静电手环 ②静电释放器 ③其他		
			3）防静电操作规范		
		（2）检测工具、设备的准备和确认	1）检测工具、设备准备 ①计算机检测环境搭建资料的认知 ②计算机检测软件工具的认知 ③计算机检测设备和个人工具的认知 ④计算机检测所需备机和备件的准备	（1）方法：讲授法、演示法	1

续表

模块	课程	学习单元	课程内容	培训建议	课堂学时
2．修理与维护	2-2　故障定位	（2）检测工具、设备的准备和确认	2）检测工具、设备的状态确认 ①计算机检测设备和个人工具的调校和状态确认 ②计算机检测软件工具的设定 ③计算机检测中所需备机和备件的调校和状态确认 ④计算机检测环境调校和状态确认	（2）重点：检测工具、设备的状态确认	
		（3）个人计算机外部状态故障判断	1）技术资料中计算机外部状态的认知	（1）方法：讲授法、演示法、案例教学法 （2）重点与难点：通过外部状态判断故障原因	2
			2）通过外部状态判断故障原因 ①指示灯 ②屏幕信息提示 ③报警声音		
			3）通过外部状态判断故障的典型案例分析		
		（4）用附件替换法判断个人计算机故障	1）附件替换法的概念	（1）方法：讲授法、演示法、案例教学法 （2）重点与难点：用附件替换法判断个人计算机故障	2
			2）附件替换法判断个人计算机故障 ①附件拆装 ②故障判断 ③技巧和注意事项		
			3）用附件替换法判断个人计算机故障的典型案例 ①供电故障 ②显示故障 ③鼠标、键盘失效 ④其他故障		

续表

模块	课程	学习单元	课程内容	培训建议	课堂学时
2．修理与维护	2-2　故障定位	（5）维修单中检测信息的填写	1）检测方法描述 2）故障状态描述 ①主机 ②附件	（1）方法：讲授法、演示法 （2）重点：故障状态描述	1
	2-3　故障修复	（1）个人计算机附件替换修复	1）维修信息确认 ①故障重现 ②型号核对 2）故障附件替换修复	（1）方法：讲授法、演示法、案例教学法 （2）重点与难点：维修信息确认	1
		（2）个人计算机操作系统和应用软件版本确认和升级	1）个人计算机操作系统和应用软件版本确认 2）个人计算机操作系统和应用软件升级操作	（1）方法：讲授法、演示法 （2）重点与难点：个人计算机操作系统和应用软件升级	1
		（3）个人计算机修复机信息录入和摆放	1）维修完成信息录入 ①维修服务单据填写 ②维修服务管理系统信息录入 2）修复机摆放规范 ①位置 ②标记	（1）方法：讲授法、演示法、实训法 （2）重点与难点：维修完成信息录入	1
	2-4　测试与验机	（1）个人计算机修复后的外观及软件完备性确认	1）个人计算机修复前后外观状态和需求信息确认 ①受理时（修复前）状态信息 ②修复后外观需求信息 2）个人计算机主机外观完备性确认方法 ①完整性确认 ②机械性能确认 3）个人计算机附件外观及软件完备性确认方法 ①种类及数量确认 ②完整性确认 ③机械性能确认	（1）方法：讲授法、演示法 （2）重点与难点：个人计算机附件外观及软件完备性确认方法	1

续表

模块	课程	学习单元	课程内容	培训建议	课堂学时
2．修理与维护	2-4　测试与验机	（2）修复后的个人计算机外观清洁	1）个人计算机屏幕清洁 2）个人计算机机箱风扇清洁 3）个人计算机其他外观部件清洁 ①机箱 ②鼠标、键盘	（1）方法：讲授法、演示法 （2）重点与难点：个人计算机屏幕清洁	1
		（3）修复后的个人计算机功能测试	1）个人计算机故障点修复功能测试 ①硬件功能 ②软件功能 2）个人计算机必要功能测试 ①故障相关功能 ②其他必要功能	（1）方法：讲授法、演示法 （2）重点与难点：个人计算机故障点修复功能测试	2
		（4）待交付个人计算机信息录入和摆放	1）个人计算机维修完成信息确认流程 ①纸质单据 ②维修管理系统 2）待交付的个人计算机摆放规范 ①区域 ②位置 ③标签	（1）方法：讲授法、演示法 （2）重点与难点：待交付的个人计算机摆放规范	1
3．物料及文件管理	3-1　工具管理	（1）用户接待区基础设备设施检查	1）用户接待区基础设备设施分类 2）用户接待区基础设备设施状态确认方法 ①供电设备设施 ②安防设备设施 ③防静电设备设施 ④网络设备设施	（1）方法：讲授法、演示法 （2）重点与难点：用户接待区基础设备设施状态确认方法	1
		（2）计算机维修专用工具管理系统的应用	1）计算机维修专用工具管理系统介绍	（1）方法：讲授法、演示法	1

续表

模块	课程	学习单元	课程内容	培训建议	课堂学时
3．物料及文件管理	3-1　工具管理	（2）计算机维修专用工具管理系统的应用	2）计算机维修专用工具管理系统的基本操作方法 ①工具信息及入库流程 ②申领流程 ③归还流程 ④工具状态查询	（2）重点与难点：计算机维修专用工具管理系统的基本操作方法	
		（3）维修工作间工具存放	1）拆装工具存放规范	（1）方法：讲授法、演示法 （2）重点与难点：维修工作间工具存放	1
			2）焊接工具存放规范		
			3）仪器仪表存放规范		
			4）其他工具存放规范		
	3-2　备件管理	（1）备件管理操作	1）计算机备件常用信息识读 ①备件类别划分 ②备件名称和型号信息表达 ③备件版本信息表达 ④其他备件信息	（1）方法：讲授法、演示法、实训法 （2）重点与难点：计算机备件管理操作	3
			2）计算机备件信息的应用 ①备件列表及资料 ②备件标签识读与信息查询		
			3）备件管理单据使用规范		
			4）计算机备件管理操作 ①登记 ②查询 ③申领 ④返还		
		（2）计算机备件、附件及包装的环保处置规范	1）计算机备件的环保处置规范	（1）方法：讲授法	2

续表

模块	课程	学习单元	课程内容	培训建议	课堂学时
3．物料及文件管理	3–2　备件管理	（2）计算机备件、附件及包装的环保处置规范	2）计算机附件的环保处置规范	（2）重点与难点：备件和附件包装的环保处置规范	
			3）备件和附件包装的环保处置规范		
		（3）主机、附件可用性和适配性	1）查验主机	（1）方法：讲授法、实训法、案例教学法 （2）重点与难点：可用性和适配性的判断	2
			2）查验附件		
			3）可用性和适配性的判断		
	3–3　文件资料管理	（1）维修服务宣传资料与单据摆放	1）维修服务收费资料 ①保修维修服务规定 ②服务报价 ③其他资料 ④故障要求	（1）方法：讲授法、演示法 （2）重点与难点：客户服务受理区维修服务单据的应用和使用规范	2
			2）宣传资料悬挂及放置要求		
			3）维修服务单据 ①根据服务状态分类存放维修服务单据 ②客户服务受理区维修服务单据的应用和使用规范		
		（2）用户维修服务信息录入查询	1）维修服务信息的录入	（1）方法：讲授法、演示法 （2）重点与难点：电子维修服务单据应用和使用规范	2
			2）电子维修服务单据应用和使用规范		
		（3）计算机维修服务资料的管理	1）计算机维修服务资料摆放要求	（1）方法：讲授法、演示法 （2）重点：计算机维修服务资料管理	2
			2）计算机维修服务资料领用、查阅及返还规定		

续表

模块	课程	学习单元	课程内容	培训建议	课堂学时
3．物料及文件管理	3-3 文件资料管理	(4) 用户数据资料处置和保存	1）用户数据资料的处置规定	(1) 方法：讲授法、演示法 (2) 重点与难点：用户数据资料的处置和保存规定	2
			2）用户数据资料的保存规定		
课堂学时合计					80

2.2.3 四级 / 中级职业技能培训课程规范

模块	课程	学习单元	课程内容	培训建议	课堂学时
1．服务的受理与交付	1-1 远程服务请求应对	(1) 存放、操作服务器	1）服务器产品手册 ①机架式服务器安装操作手册 ②塔式服务器安装操作手册	(1) 方法：讲授法、案例教学法 (2) 重点与难点：指导用户存放、操作服务器	2
			2）服务器厂商技术资料 ①服务器功能技术资料 ②服务器各部件技术资料		
			3）指导用户存放、操作服务器 ①存放要求及注意事项 ②操作方法及注意事项		
		(2) 远程指导用户确认服务器状态	1）远程指导用户确认服务器电源、网线状态	(1) 方法：讲授法、案例教学法 (2) 重点与难点：通过电话或互联网在线工具指导用户重新连接服务器电源线或网线	2
			2）远程指导用户重新连接服务器电源线或网线		
			3）远程指导用户更换电源线或网线		

续表

模块	课程	学习单元	课程内容	培训建议	课堂学时
1．服务的受理与交付	1-1　远程服务请求应对	（3）指导用户下载、安装、升级服务器的驱动程序、固件和专用软件工具	1）服务器驱动程序下载、安装与升级的指导	（1）方法：讲授法、案例教学法 （2）重点与难点：指导用户下载（获取）服务器驱动程序、固件与专用软件工具	2
			2）服务器固件下载、安装与升级的指导		
			3）服务器专用软件工具下载、安装与升级的指导		
	1-2　维修服务受理	（1）准备服务器现场服务工具、技术资料和服务单据	1）维修任务相关信息	（1）方法：讲授法、案例教学法 （2）重点与难点：服务器用户现场服务的工具、技术资料准备	2
			2）工具准备		
			3）技术资料准备		
			4）服务单据准备		
		（2）报修服务器现场测试及故障现象记录	1）报修服务器用户现场测试 ①用户使用环境 ②故障再现测试	（1）方法：讲授法、案例教学法 （2）重点与难点：报修服务器用户现场测试	2
			2）报修服务器故障信息记录 ①故障代码及现象描述信息 ②主机信息 ③客户使用环境信息		
		（3）服务器的现场检测与维修方案沟通	1）服务器的现场检测	（1）方法：讲授法、案例教学法 （2）重点与难点：服务器的现场检测	2
			2）服务器维修方案现场沟通 ①维修方案 ②维修计划		
		（4）故障服务器操作注意事项及相应安保措施	1）客户业务仍可正常运行的故障服务器修复前的操作与安保措施 ①操作注意事项 ②财产保障措施 ③数据安全措施 ④用户沟通技巧及典型案例分析	（1）方法：讲授法、案例教学法	2

续表

模块	课程	学习单元	课程内容	培训建议	课堂学时
1．服务的受理与交付	1–2　维修服务受理	（4）故障服务器操作注意事项及相应安保措施	2）无法正常运行的故障服务器修复前的操作与安保措施 ①操作注意事项 ②财产保障措施 ③数据安全措施 ④用户沟通技巧及典型案例分析	（2）重点与难点：无法正常运行的故障服务器修复前的操作与安保措施	
	1–3　维修服务完成与交付	（1）服务器修复后的检验方法	1）服务器用户现场修复机交付规范 ①服务器修复后功能检验规范 ②用户现场操作的常见问题与应对方法	（1）方法：讲授法、案例教学法 （2）重点与难点：服务器修复后的验机操作	2
			2）服务器修复后的验机操作 ①单机外观核验与功能验证 ②网络环境及客户业务验证 ③可靠性验证 ④兼容性验证及其他测试		
		（2）调取、核对已修复设备的电子信息	1）用户现场调取已修复设备的电子信息 ①本机调取 ②远程调取	（1）方法：讲授法、案例教学法 （2）重点与难点：用户现场核对已修复设备的电子信息	2
			2）用户现场核对已修复设备电子信息		
		（3）用户现场完成维修服务数据记录	1）用户现场完成维修服务后填写纸质维修服务单据的注意事项 ①维修服务操作信息记录 ②修复机主要性能指标和用户业务运行状态的填写 ③料件更换情况记录 ④远程登录维修服务信息系统完成电子维修服务单数据记录	（1）方法：讲授法、案例教学法	2

续表

模块	课程	学习单元	课程内容	培训建议	课堂学时
1．服务的受理与交付	1-3　维修服务完成与交付	（3）用户现场完成维修服务数据记录	2）在用户现场维修服务完成后与客户的沟通交流方法与技巧 ①与客户核对维修服务信息和数据 ②用户现场信息核对及用户签字确认 ③维修服务费收取与客户沟通技巧	（2）重点与难点：在用户现场维修服务完成后与客户的沟通交流方法与技巧	
	1-4　用户服务评价及应对措施	（1）在用户现场获取服务器维修服务评价	1）在用户现场获取服务器维修服务评价的常规流程和要素	（1）方法：讲授法、案例教学法 （2）重点与难点：在用户现场获取服务器维修服务评价	2
			2）与远程获取服务器服务评价的区别		
			3）在用户现场获取服务器维修服务评价的常见问题及应对技巧		
		（2）服务器维修服务远程回访	1）服务器维修服务远程回访的意义和形式 ①回访的意义 ②人工回访 ③在线回访	（1）方法：讲授法、案例教学法 （2）重点与难点：服务器维修服务远程回访的执行方法	2
			2）服务器维修服务远程回访的执行方法 ①常规要素 ②操作流程 ③执行规范及常见问题解析		
		（3）服务器用户常见投诉问题的应对方法	1）服务器用户常见投诉问题处置技术资料的查询方法 ①厂商常规官方技术资料的使用 ②专用应对投诉的官方技术资料的使用 ③非官方互联网技术资料的查询	（1）方法：讲授法、案例教学法	2

续表

模块	课程	学习单元	课程内容	培训建议	课堂学时
1. 服务的受理与交付	1-4 用户服务评价及应对措施	(3) 服务器用户常见投诉问题的应对方法	2) 处置服务器用户常见投诉问题的注意事项 ①服务器用户财产、业务和数据优先考虑 ②技术和法律资料的应用 ③服务器用户的沟通要点及技巧	(2) 重点与难点：处置服务器用户常见投诉问题的注意事项	
			3) 典型案例分析		
2. 修理与维护	2-1 计算机的安装与维护	(1) 服务器硬件的安装	1) 塔式服务器的硬件安装 ①CPU 的安装 ②硬盘的安装 ③内存的安装 ④其他配件安装	(1) 方法：讲授法、演示法 (2) 重点：刀片式服务器的硬件安装	4
			2) 机架式服务器的硬件安装 ①CPU 的安装 ②硬盘的安装 ③内存的安装 ④导轨固定 ⑤其他配件安装		
			3) 刀片式服务器的硬件安装 ①CPU 的安装 ②硬盘的安装 ③内存的安装 ④其他配件安装		
		(2) Windows 服务器操作系统软件和驱动程序的初始安装与升级	1) Windows 服务器操作系统 ①发展历史 ②版本配置	(1) 方法：讲授法、演示法	2
			2) Windows 服务器操作系统软件环境需求 ①硬件需求 ②系统环境需求		

续表

模块	课程	学习单元	课程内容	培训建议	课堂学时
2．修理与维护	2-1 计算机的安装与维护	（2）Windows 服务器操作系统软件和驱动程序的初始安装与升级	3）Windows 服务器操作系统软件初始安装 ①安装流程 ②基本设置 ③注册与激活	（2）重点与难点：Windows 服务器操作系统软件初始安装	
			4）Windows 服务器操作系统软件的升级 ①版本确认 ②本地升级 ③在线升级		
			5）Windows 服务器驱动程序的安装 ①网卡 ②显卡 ③RAID 磁盘阵列		
			6）Windows 服务器驱动程序的升级		
	2-2 故障定位	（1）个人计算机专用测试软件的使用	1）个人计算机专用测试软件 ①基本原理 ②常用软件分类	（1）方法：讲授法、演示法、案例教学法 （2）重点与难点：个人计算机专用测试软件的使用方法	2
			2）个人计算机专用测试软件的使用方法 ①磁盘专用测试软件 ②CPU 专用测试软件 ③内存专用测试软件 ④显示器专用测试软件 ⑤鼠标、键盘专用测试软件 ⑥网络专用测试软件 ⑦其他专用测试软件		
		（2）命令行操作提取个人计算机日志及网络配置参数	1）命令行操作方法 ①命令行方式的开启 ②常用命令	（1）方法：讲授法、演示法	2
			2）命令行操作提取个人计算机日志 ①Windows 系统 ②Linux 系统 ③macOS 系统		

续表

<table>
<tr><th>模块</th><th>课程</th><th>学习单元</th><th>课程内容</th><th>培训建议</th><th>课堂学时</th></tr>
<tr><td rowspan="8">2．修理与维护</td><td rowspan="8">2-2　故障定位</td><td>（2）命令行操作提取个人计算机日志及网络配置参数</td><td>3）命令行操作提取个人计算机网络配置参数
①Windows 系统
②Linux 系统
③macOS 系统</td><td>（2）重点与难点：命令行操作提取个人计算机日志</td><td></td></tr>
<tr><td rowspan="3">（3）个人计算机外部环境引起的故障检测</td><td>1）常用个人计算机外部环境运行要求
①温度、湿度、灰尘
②通风、光照
③震动
④供电
⑤网络</td><td rowspan="3">（1）方法：讲授法、演示法、案例教学法
（2）重点与难点：常用个人计算机外部环境运行要求</td><td rowspan="3">2</td></tr>
<tr><td>2）个人计算机常见外部环境引起的故障检测方法
①视觉、嗅觉、触觉等基本感知检测
②工具仪表检测</td></tr>
<tr><td>3）个人计算机外部环境故障典型案例分析</td></tr>
<tr><td rowspan="3">（4）个人计算机 BIOS 常见故障判断</td><td>1）计算机 BIOS 认知
①基本结构
②传统 BIOS
③ UEFI
④进入方式
⑤设置项</td><td rowspan="3">（1）方法：讲授法、演示法、案例教学法
（2）重点与难点：计算机 BIOS 认知，个人计算机 BIOS 设置错误典型案例</td><td rowspan="3">3</td></tr>
<tr><td>2）个人计算机 BIOS 故障信息确认
①维修单信息
②原机信息
③版本查看</td></tr>
<tr><td>3）个人计算机 BIOS 设置错误典型案例</td></tr>
<tr><td>（5）个人计算机系统和软件故障判断</td><td>1）个人计算机系统和软件故障
①分类
②常见现象</td><td>（1）方法：讲授法、演示法、案例教学法</td><td>3</td></tr>
</table>

续表

模块	课程	学习单元	课程内容	培训建议	课堂学时
2．修理与维护	2-2 故障定位	（5）个人计算机系统和软件故障判断	2）个人计算机系统和软件故障的判断方法 ①操作系统故障 ②应用软件故障 ③其他故障	（2）重点与难点：个人计算机系统和软件故障的判断方法	
			3）个人计算机系统和软件故障典型案例 ①软件不兼容 ②非法操作 ③误操作 ④病毒破坏		
		（6）个人计算机外壳及内部部件的拆装	1）个人计算机装配手册的查阅方法	（1）方法：讲授法、演示法 （2）重点与难点：个人计算机的拆装方法	1
			2）个人计算机的拆装方法 ①外壳 ②板卡 ③硬盘 ④内存 ⑤电池 ⑥显示组件		
		（7）个人计算机故障诊断卡的使用	1）故障诊断卡的分类 ①台式机故障诊断卡 ②便携式计算机故障诊断卡	（1）方法：讲授法、演示法、案例教学法 （2）重点与难点：故障诊断卡的操作方法	4
			2）故障诊断卡的操作方法 ①PCI 接口 ②PCI-E 接口 ③mini PCI-E 接口		
		（8）配件替换法判断个人计算机故障	1）配件替换法在个人计算机故障定位中的应用 ①现场操作 ②维修间操作	（1）方法：讲授法、演示法、案例教学法	3

续表

模块	课程	学习单元	课程内容	培训建议	课堂学时
2．修理与维护	2-2　故障定位	（8）配件替换法判断个人计算机故障	2）配件替换法在个人计算机故障定位中的操作 ①CPU ②内存 ③硬盘 ④电源 ⑤主板 ⑥其他配件	（2）重点与难点：配件替换法在个人计算机故障定位中的操作	
			3）用配件替换法对个人计算机进行故障定位的典型案例		
	2-3　故障修复	（1）个人计算机BIOS设置错误故障修复	1）个人计算机BIOS故障信息确认 ①单据信息 ②原机信息	（1）方法：讲授法、演示法、案例教学法 （2）重点与难点：个人计算机BIOS设置错误故障修复操作	2
			2）个人计算机BIOS设置错误故障修复操作 ①调整错误设置项 ②恢复默认设置 ③重置开机密码		
		（2）个人计算机系统或软件问题故障修复	1）个人计算机系统或软件问题故障信息确认 ①单据信息 ②原机信息	（1）方法：讲授法、演示法、案例教学法 （2）重点与难点：个人计算机系统或软件问题修复操作	2
			2）个人计算机系统或软件问题修复操作 ①版本升级 ②配置修改 ③资源清理 ④丢失文件恢复 ⑤垃圾软件清理 ⑥杀毒 ⑦其他		
		（3）个人计算机外部环境引起的故障修复	1）个人计算机供电故障修复操作 ①客户供电设备问题 ②供电服务商问题 ③其他供电相关问题	（1）方法：讲授法、演示法、案例教学法	2

续表

模块	课程	学习单元	课程内容	培训建议	课堂学时
2．修理与维护	2-3 故障修复	（3）个人计算机外部环境引起的故障修复	2）个人计算机网络故障修复操作 ①客户网络设备问题 ②网络运营商问题 ③其他网络相关问题	（2）重点与难点：个人计算机网络故障修复操作	
			3）其他外部环境引起的故障修复操作		
		（4）个人计算机故障部件的确认和更换	1）个人计算机故障部件的确认方法 ①目测法 ②替换法 ③计算机故障诊断卡等专用诊断软硬件工具应用 ④电子电器部件测量法	（1）方法：讲授法、演示法、案例教学法 （2）重点与难点：个人计算机故障部件的确认方法	1
			2）更换个人计算机故障部件的操作方法 ①个人计算机故障部件的拆卸与安装流程资料查询 ②电子电器部件更换操作的注意事项 ③个人计算机结构部件更换操作的注意事项		
		（5）个人计算机内部清洁除尘	1）电源清洁除尘	（1）方法：讲授法、演示法 （2）重点与难点：电源清洁除尘	1
			2）风扇清洁除尘		
			3）板卡清洁除尘		
			4）机械部件清洁除尘		
	2-4 测试与验机	（1）修复后服务器的外观完备性确认	1）服务器主机外观完备性确认	（1）方法：讲授法、演示法 （2）重点与难点：服务器硬件配置完备性确认	2
			2）服务器硬件配置完备性确认 ①CPU ②内存 ③硬盘		
			3）服务器软件完备性确认		

续表

模块	课程	学习单元	课程内容	培训建议	课堂学时
2．修理与维护	2-4　测试与验机	(2) 修复后服务器的外观清洁	1) 服务器机箱外观清洁 2) 服务器外部风扇清洁 3) 其他服务器外观部件清洁	(1) 方法：讲授法、演示法 (2) 重点与难点：服务器机箱外观清洁	1
		(3) 服务器待交付机信息录入和摆放	1) 服务器维修完成信息确认流程 ①纸质单据 ②电子系统 2) 待交付的服务器摆放规范 ①区域 ②位置 ③标签	(1) 方法：讲授法、演示法 (2) 重点与难点：待交付的服务器摆放规范	1
3．物料及文件管理	3-1　工具管理	(1) 前往计算机用户现场开展维修服务的工具准备	1) 根据维修服务任务分配情况准备常规设备工具 ①防静电设备 ②清洁工具 ③拆装工具 ④专用调校工具 ⑤存储介质 ⑥附属线材 2) 特殊维修服务任务情况下设备工具准备 ①维修服务任务信息不明确 ②与用户沟通后发现场地等客户使用环境有特殊情况 ③特殊业务运行环境	(1) 方法：讲授法、演示法 (2) 重点与难点：根据维修服务任务分配情况准备设备工具	2
		(2) 维修工具及待修设备的摆放	1) 用户现场维修工具及待修设备的摆放 ①工具的操作、摆放 ②待修设备的操作、摆放 2) 现场操作安全注意事项	(1) 方法：讲授法、演示法、实训法 (2) 重点与难点：用户现场维修工具及待修设备的摆放	2

续表

模块	课程	学习单元	课程内容	培训建议	课堂学时
3．物料及文件管理	3-2　备件管理	（1）计算机备件抽检	1）计算机备件的抽检规则	（1）方法：讲授法、演示法、实训法 （2）重点与难点：计算机备件的检测方法	2
			2）计算机备件的检测方法		
		（2）计算机故障备件返还	故障备件的返还流程	（1）方法：讲授法、案例教学法 （2）重点与难点：故障备件的返还流程	2
		（3）备件故障率的分析与反馈	1）备件故障率的分析 ①分析方法 ②注意事项	（1）方法：讲授法、演示法、实训法 （2）重点与难点：备件故障率分析方法	2
			2）备件故障率的反馈		
	3-3　文件资料管理	（1）服务器用户现场纸质维修服务技术资料的准备	1）服务器用户现场维修服务技术资料	（1）方法：讲授法、演示法 （2）重点与难点：服务器用户现场纸质维修服务技术资料准备	2
			2）服务器用户现场纸质维修服务技术资料准备		
		（2）服务器维修服务技术资料在线查询	1）服务器用户现场维修服务技术资料在线查询方法	（1）方法：讲授法、演示法、实训法、案例教学法 （2）重点与难点：服务器用户维修服务技术资料在线查询方法	2
			2）在线查询注意事项		
		（3）单据的保存、交付和维修服务管理系统结单	1）用户现场维修单据的保存和交付方法	（1）方法：讲授法、演示法、实训法、案例教学法 （2）重点与难点：用户现场维修单据的保存和交付方法	2
			2）计算机维修服务管理系统结单操作		
课堂学时合计					80

2.2.4 三级 / 高级职业技能培训课程规范

模块	课程	学习单元	课程内容	培训建议	课堂学时
1. 服务的受理与交付	1-1 远程服务请求应对	（1）解决五级 / 初级工、四级 / 中级工升级的用户服务请求和疑难问题	1）确认五级 / 初级工、四级 / 中级工升级事项的处理方式	（1）方法：讲授法、案例教学法 （2）重点与难点：指导五级 / 初级工、四级 / 中级工参考相关资料应对客户诉求	2
			2）指导五级 / 初级工、四级 / 中级工参考相关资料应对客户诉求		
		（2）服务器备机服务与后续维修流程	1）远程获取故障服务器产品信息 ①主机型号 ②故障现象 ③保修信息 ④其他信息	（1）方法：讲授法、案例教学法 （2）重点与难点：远程获取故障服务器产品信息	2
			2）备机服务与后续服务流程 ①提供备机的条件 ②后续流程安排		
		（3）故障排除前，远程指导服务器用户执行财产保障和数据安全措施	1）服务器故障级别的远程判别方法 ①在技术手册内查询服务器故障级别 ②服务器故障详情的远程沟通技巧	（1）方法：讲授法、案例教学法 （2）重点与难点：确认故障级别	2
			2）远程指导服务器用户采取财产保障和数据安全措施 ①一般信息或需调试信息 ②警告信息 ③错误级别故障 ④致命（严重）级别故障		
	1-2 维修服务受理	（1）服务器维修单据核验与后续服务	1）服务器维修单据信息验证 ①服务器维修单据内容 ②服务器维修单据信息核验方法	（1）方法：讲授法、案例教学法	2

续表

模块	课程	学习单元	课程内容	培训建议	课堂学时
1．服务的受理与交付	1–2　维修服务受理	（1）服务器维修单据核验与后续服务	2）服务器维修后续服务流程执行	（2）重点与难点：服务器维修后续服务流程执行	
		（2）远程排查和处置网络设备引起的服务器信息传输故障	1）路由器的安装与使用	（1）方法：讲授法、案例教学法 （2）重点与难点：网络设备引起的服务器信息传输故障排查方法	2
			2）服务器数据传输故障信息远程收集方法 ①服务器用户服务请求信息 ②电话或社交软件（照片、文字、语音等）的用户沟通 ③服务器远程登录与测试		
			3）网络设备引起的服务器信息传输故障远程排查和处置方法 ①线路重新连接指导方法 ②服务器及网络设备重新启动指导方法 ③服务器及网络设备参数匹配设置指导方法 ④运营商或网络设备制造商联络支持 ⑤其他方法		
		（3）远程技术支持四级/中级工进行维修服务	1）用户现场维修服务常见问题及应对方案 ①常见问题分类 ②应对方案	（1）方法：讲授法、案例教学法 （2）重点与难点：用户现场维修服务常见问题及应对方案	2
			2）用户现场维修服务的指导方法 ①语音支持 ②在线支持		
	1–3　维修服务完成与交付	（1）辅助用户完成客户业务网络系统的安装与部署	1）在用户中心机房现场辅助用户安装与部署客户业务网络系统 ①在用户中心机房现场辅助的必要性	（1）方法：讲授法、案例教学法	2

续表

模块	课程	学习单元	课程内容	培训建议	课堂学时
1．服务的受理与交付	1–3 维修服务完成与交付	（1）辅助用户完成客户业务网络系统的安装与部署	②在用户中心机房现场辅助的实施规范 ③在用户中心机房现场辅助的案例分析、常见问题与注意事项	（2）重点与难点：用户中心机房现场辅助用户安装与部署客户业务网络系统	
			2）远程辅助用户安装与部署客户业务网络系统 ①远程辅助的必要性和常规实施条件 ②远程辅助的实施规范 ③远程辅助的案例分析、常见问题与注意事项		
		（2）网络中服务器访问权限的设置	1）明确用户的要求 ①收集用户要求 ②分析用户要求 ③合理规避用户不合理要求	（1）方法：讲授法、案例教学法 （2）重点与难点：设置网络中服务器的不同访问权限	2
			2）设置网络中服务器的不同访问权限 ①根据用户不同要求设置权限 ②测试不同要求的权限		
		（3）服务器磁盘阵列、磁带库的安装	1）服务器磁盘阵列的安装 ①认知磁盘阵列 ②安装规范 ③安装步骤	（1）方法：讲授法、案例教学法 （2）重点与难点：服务器磁盘阵列、磁带库的安装	2
			2）服务器磁带库的安装 ①认知磁带库 ②安装规范 ③安装步骤		
		（4）服务器UPS（不间断电源）的安装与调试	1）服务器不间断电源的安装 ①不断电安装步骤 ②注意事项	（1）方法：讲授法、案例教学法	2

续表

模块	课程	学习单元	课程内容	培训建议	课堂学时
1．服务的受理与交付	1-3 维修服务完成与交付	（4）服务器UPS（不间断电源）的安装与调试	2）服务器不间断电源的调试 ①不断电调试步骤 ②注意事项	（2）重点与难点：服务器不间断电源的安装与调试	
	1-4 用户服务评价及应对措施	（1）处置计算机维修服务站点客户投诉事件	1）计算机维修服务站点与产品质量相关的投诉事件的处置与升级 ①产品质量相关投诉的判定 ②指导和督促五级／初级工、四级／中级工按规定处置已有方案的产品质量投诉事件 ③需向上级升级产品质量问题的流程管理	（1）方法：讲授法、案例教学法 （2）重点与难点：按计算机维修服务站点与相关规定对升级的用户投诉进行的处置	2
			2）计算机维修服务站点与服务实施相关的投诉事件的处置 ①因维修服务站点员工服务行为问题造成的投诉事件 ②需要风险管控与上报的事件处置方法与案例分析		
		（2）计算机维修服务站点的投诉事件统计与问题分析	1）计算机维修服务站点的投诉事件统计方法	（1）方法：讲授法、案例教学法 （2）重点与难点：计算机维修服务站点的投诉事件问题分析方法	2
			2）计算机维修服务站点的投诉事件问题分析方法 ①产品质量类投诉事件问题分析 ②服务类投诉事件问题分析 ③客户诉求异常类投诉事件问题分析		
			3）计算机维修服务站点的投诉事件问题分析报告撰写方法		

续表

模块	课程	学习单元	课程内容	培训建议	课堂学时
2．修理与维护	2-1　计算机的安装与维护	（1）Windows 服务器环境操作系统批量部署和升级	1）Windows 服务器操作系统批量部署 ①自动化运维概念 ②软硬件要求	（1）方法：讲授法、演示法、案例教学法 （2）重点与难点：Windows 服务器操作系统批量部署和升级操作	6
			2）Windows 服务器操作系统批量部署常用软件工具 ①WDS 服务 ②kickstart ③Cobbler ④其他工具		
			3）Windows 服务器操作系统批量部署和升级操作		
		（2）Windows 服务器操作系统虚拟化	1）Windows 服务器操作系统虚拟化 ①发展 ②特点 ③主流技术	（1）方法：讲授法、演示法、案例教学法 （2）重点与难点：Windows 服务器操作系统虚拟化的实现	4
			2）Windows 服务器操作系统虚拟化的实现		
		（3）Windows 服务器日常维护	1）Windows 服务器日常维护制度的认知 ①种类 ②方法 ③非常规检查等	（1）方法：讲授法、演示法、案例教学法 （2）重点与难点：Windows 服务器软件日常维护	3
			2）Windows 服务器硬件日常维护		
			3）Windows 服务器软件日常维护		
		（4）Windows 服务器数据备份和恢复	1）确认 Windows 服务器关键数据 ①业务数据 ②配置信息 ③其他数据	（1）方法：讲授法、演示法、案例教学法	4
			2）Windows 服务器数据备份策略和方式 ①手动 / 自动备份 ②本地 / 异地备份 ③完全 / 增量 / 差异备份		

续表

模块	课程	学习单元	课程内容	培训建议	课堂学时
2．修理与维护	2-1 计算机的安装与维护	（4）Windows 服务器数据备份和恢复	3）Windows 服务器数据的备份和恢复操作 ①自动化软件工具 ②手动操作	（2）重点与难点：Windows 服务器数据备份策略和方式	
		（5）配置 Windows 服务器负载均衡集群、高可用集群及网络部署	1）Windows 服务器负载均衡集群配置 ①基本原理 ②DNS 负载均衡 ③代理服务器负载均衡 ④地址转换网关负载均衡 ⑤其他负载均衡配置 ⑥混合负载均衡	（1）方法：讲授法、演示法、案例教学法 （2）重点与难点：Windows 服务器高可用集群配置，Windows 服务器网络部署	10
			2）Windows 服务器高可用集群配置 ①实现原理和基本模型 ②衡量标准和验证方法 ③常用软件		
			3）Windows 服务器网络部署 ①拓扑设计 ②配置和验证 ③维护 ④升级		
		（6）按照网络配置文件完成 Windows 服务器常见服务和应用的安装与配置	1）协助网络技术管理员配置 Windows 服务器部署并行文件系统或分布式文件系统时的相关参数	（1）方法：讲授法、演示法、案例教学法	6
			2）协助网络技术管理员配置 Windows 服务器网络安全策略		
			3）协助网络技术管理员实现 Windows 服务器计划任务控制		

续表

模块	课程	学习单元	课程内容	培训建议	课堂学时
2．修理与维护	2-1 计算机的安装与维护	（6）按照网络配置文件完成 Windows 服务器常见服务和应用的安装与配置	4）协助网络技术管理员配置 Windows 服务器双机热备实现方案 5）协助网络技术管理员安装与配置 Windows 服务器主流数据库软件 6）协助网络技术管理员配置 Windows 服务器集中式用户权限统一管理	（2）重点与难点：按照网络配置文件完成 Windows 服务器常见服务和应用的安装与配置	
	2-2 故障定位	（1）个人计算机部件上外观损坏器件的查验方法	1）个人计算机机械运动及结构部件上零件外观查验及损坏程度判定 ①整机外观件、控制面板及按键损伤、磨损情况及功能正常性影响程度 ②计算机内部件支架损伤程度 ③硬盘、风扇组件异响、损伤、磨损情况及功能正常性影响程度 ④其他机械运动及结构部件异响、损伤、磨损情况及功能正常性影响程度 2）个人计算机电子电器部件上零件外观查验及损坏程度判定 ①主板、电源板等电子线路基板及器件触点损伤情况及功能正常性影响程度 ②CPU、南桥、北桥及其他芯片类器件表面及触腿损伤情况及功能正常性影响程度 ③电阻电容电感外观及触腿损伤情况及功能正常性影响程度	（1）方法：讲授法、演示法、案例教学法	2

续表

模块	课程	学习单元	课程内容	培训建议	课堂学时
2．修理与维护	2-2　故障定位	（1）个人计算机部件上外观损坏器件的查验方法	④各类数据线及电器连接线外表皮及插头损伤情况及功能正常性影响程度	（2）重点与难点：个人计算机电子部件外观损坏的判定	
		（2）使用仪器仪表定位个人计算机部件故障	1）产品电路原理图 ①基本符号 ②基本功能电路	（1）方法：讲授法、演示法、案例教学法 （2）重点与难点：使用仪器仪表定位个人计算机部件故障	5
			2）使用仪器仪表定位个人计算机部件故障 ①万用表 ②示波器 ③逻辑分析仪 ④其他仪表		
			3）个人计算机部件故障典型案例分析		
		（3）使用部件替换法确定服务器、专用计算机的故障部件	1）部件替换法在服务器、专用计算机故障定位中的应用范围 ①现场操作 ②维修间操作	（1）方法：讲授法、演示法、案例教学法 （2）重点与难点：部件替换法在服务器、专用计算机故障定位中的实施	3
			2）部件替换法在服务器、专用计算机故障定位中的实施 ①CPU ②内存 ③硬盘 ④电源 ⑤主板 ⑥其他配件		
			3）使用部件替换法对服务器、专用计算机进行故障定位的典型案例		
		（4）使用配件替换法确定服务器、专用计算机的故障部件	1）配件替换法在服务器、专用计算机故障定位中的应用范围	（1）方法：讲授法、演示法、案例教学法	3

续表

模块	课程	学习单元	课程内容	培训建议	课堂学时
2．修理与维护	2-2 故障定位	（4）使用配件替换法确定服务器、专用计算机的故障部件	2）配件替换法在服务器、专用计算机故障定位中的实施	（2）重点与难点：配件替换法在服务器、专用计算机故障定位中的实施	
			3）使用配件替换法对服务器、专用计算机进行故障定位的典型案例		
	2-3 故障修复	（1）Windows服务器常见操作系统软件及驱动程序问题的排除	1）版本升级	（1）方法：讲授法、演示法、案例教学法 （2）重点与难点：Windows服务器常见操作系统及驱动程序问题的排除	6
			2）漏洞修复		
			3）资源清理		
			4）杀毒		
		（2）服务器、特种计算机现场部件更换	1）维修信息和客户现场条件确认 ①维修信息 ②客户现场条件	（1）方法：讲授法、演示法、案例教学法 （2）重点与难点：服务器、特种计算机现场部件更换	3
			2）服务器、特种计算机现场部件更换 ①风扇的更换 ②电源的更换 ③硬盘的更换 ④CPU的更换 ⑤内存的更换 ⑥网卡的更换 ⑦其他部件的更换		
		（3）磁盘阵列（RAID）常见故障分析处理	1）磁盘阵列故障原因分析 ①系统、驱动程序引起的故障 ②软件、硬件故障 ③其他	（1）方法：讲授法、案例教学法 （2）重点：磁盘阵列故障处理 （3）难点：磁盘阵列故障原因分析	4
			2）磁盘阵列故障处理 ①系统、驱动程序升级与更新 ②软件、硬件故障检查 ③日志分析 ④RAID升级 ⑤其他		

续表

模块	课程	学习单元	课程内容	培训建议	课堂学时
2．修理与维护	2-3　故障修复	（4）服务器典型故障现场修复	1）服务器典型故障现场信息确认 ①故障现象 ②用户现场环境条件	（1）方法：讲授法、演示法、案例教学法 （2）重点与难点：服务器典型故障现场修复	6
			2）服务器典型故障现场修复 ①供电环境故障 ②网络环境故障 ③散热环境故障 ④其他机房环境故障		
		（5）按照网络配置文件排除 Windows 服务器常见服务和应用问题	1）Windows 服务器系统服务降级问题分析	（1）方法：讲授法、演示法 （2）重点与难点：按照网络配置文件排除 Windows 服务器常见服务和应用问题	4
			2）Windows 服务器系统遭遇黑客攻击、病毒暴发等严重事件时的处理方案		
			3）Windows 服务器产品及信息网络系统潜在问题的排除		
			4）Windows 服务器丢包与延迟问题的处理		
	2-4　测试与验机	（1）计算机整机终检环境搭建	1）计算机整机终检环境搭建 ①硬件环境 ②软件环境	（1）方法：讲授法、演示法、实训法 （2）重点与难点：计算机整机终检环境搭建	2
			2）计算机整机终检人力资源配置 ①岗位设置 ②职责分配 ③团队组建		
		（2）计算机可修复备件终检及烤机环境搭建	1）计算机可修复备件终检环境搭建 ①硬件环境 ②软件环境 ③文件资料配置	（1）方法：讲授法、演示法、实训法 （2）重点与难点：计算机可修复备件烤机环境搭建	2
			2）计算机可修复备件烤机环境搭建 ①硬件环境 ②软件环境 ③文件资料配置		

续表

模块	课程	学习单元	课程内容	培训建议	课堂学时
2．修理与维护	2-4　测试与验机	（3）计算机备件的终检、烤机和清洁	1）计算机备件的终检和烤机 ①必要功能测试 ②烤机	（1）方法：讲授法、演示法、实训法 （2）重点与难点：计算机备件的终检和烤机	2
			2）计算机备件的清洁 ①外观部件 ②机械部件 ③电路部件 ④其他部件		
		（4）计算机备件批量检测团队组建	1）计算机备件批量检测团队岗位设置 ①岗位职责 ②管理制度	（1）方法：讲授法、演示法、实训法 （2）重点与难点：计算机备件批量检测团队岗位设置	3
			2）计算机备件批量检测团队人员配备 ①人员需求 ②人员招聘 ③人员培训		
		（5）Windows服务器修复后的基本功能测试	1）Windows 服务器常规开机状态检测 ①待机时软硬件及各指示灯功能 ②硬盘及风扇等机械运动部件工作声音 ③网络功能基本测试	（1）方法：讲授法、演示法 （2）重点与难点：服务器故障点修复确认	2
			2）Windows 服务器服务请求时的故障排除确认测试 ①电子电器类故障修复测试 ②结构件更换后测试 ③软件网络问题解决后测试		
			3）Windows 服务器的烤机测试 ①服务器主机特定条件的可靠性确认烤机 ②服务器软件和网络问题的重现烤机 ③服务器用户特定业务问题重现烤机		

续表

模块	课程	学习单元	课程内容	培训建议	课堂学时
3．物料及文件管理	3-1 工具管理	（1）计算机维修服务站点设备设施的安装与布置	1）计算机维修服务站点设备设施布置规范 2）计算机维修服务站点设备设施布置操作 ①接待区 ②维修车间	（1）方法：讲授法、演示法、实训法 （2）重点与难点：计算机维修服务站点设备设施布置规范	2
		（2）计算机维修服务站点维修设备及工具的管理	1）计算机维修服务站点维修设备及工具管理规范 ①电烙铁 ②热风枪 ③示波器 ④万用表 ⑤工具箱 2）计算机维修服务站点维修设备及工具的管理 ①采买和折旧 ②使用和存储	（1）方法：讲授法、演示法、实训法 （2）重点与难点：管理维修服务站点维修设备及工具	2
	3-2 备件管理	（1）计算机零器件标识的识别方法与信息查询	1）计算机零器件识别 ①类别 ②型号 ③版本 ④性能 2）计算机零器件详细信息查询	（1）方法：讲授法、实训法 （2）重点与难点：计算机零器件识别	2
		（2）计算机维修服务站点故障配件及包装材料的存放返厂和环保处置管理	1）维修服务站点故障配件及包装材料的存放管理 ①存放管理文件认知和组织站点员工培训 ②各存放区域设置方法 ③因地制宜设定实施流程 ④常见员工操作问题及案例分析	（1）方法：讲授法、演示法、实训法、案例教学法	2

续表

模块	课程	学习单元	课程内容	培训建议	课堂学时
3．物料及文件管理	3–2 备件管理	(2) 计算机维修服务站点故障配件及包装材料的存放返厂和环保处置管理	2）维修服务站点故障配件及包装材料返厂和环保处置管理 ①返厂和环保处置管理文件认知和组织站点员工培训 ②常见返厂配件及返厂实施流程设定 ③常见需环保处置料件及实施流程设定 ④常见员工操作问题及案例分析	(2) 重点与难点：维修服务站点故障配件及包装材料的存放、返厂和环保处置管理	
		(3) 计算机维修服务站点备件储存和采购计划制订与实施	1）维修服务站点的备件储存和采购计划制订方法 ①备件储存量标准和采购规定的官方文件认知 ②根据本站点具体情况制定安全备件储存量的方法 ③根据本站点具体情况制订或更新备件采购计划的方法	(1) 方法：讲授法、演示法、案例教学法 (2) 重点与难点：维修服务站点的备件储存量和采购的日常管理	2
			2）维修服务站点的备件储存量和采购的日常管理 ①维修服务站点的备件安全储存量监控与注意事项 ②维修服务站点的备件补库的实施方法 ③维修服务站点的备件采买常见问题及案例分析		
		(4) 计算机特殊配件需求或质量问题升级	1）确定计算机特殊配件需求或质量问题	(1) 方法：讲授法、演示法、实训法、案例教学法 (2) 重点与难点：特殊配件需求或质量问题升级流程	2
			2）特殊配件需求或质量问题升级流程		

续表

模块	课程	学习单元	课程内容	培训建议	课堂学时
3．物料及文件管理	3-3　文件资料管理	（1）计算机维修服务站点文件资料的摆放和存储规划	1）纸质文件的摆放和存储规划 2）技术资料的摆放和存储规划 3）各类单据的摆放和存储规划	（1）方法：讲授法 （2）重点：各类单据的摆放和存储	2
		（2）纸质和电子维修服务单据的填写指导	1）计算机纸质维修服务单据填写的常见问题 2）计算机电子维修服务单据录入的常见问题	（1）方法：讲授法、演示法、案例教学法 （2）重点与难点：计算机电子维修服务单据录入的常见问题	2
		（3）计算机维修服务站点技术资料和文件使用权限的确定和监管	1）维修服务站点技术资料和文件使用权限及保密制度认知 2）维修服务站点员工技术资料和文件日常使用的监管 ①接收技术资料和文件 ②存放和使用技术资料和文件 ③更新和销毁技术资料和文件 ④常见问题和案例分析	（1）方法：讲授法、案例教学法 （2）重点与难点：维修服务站点员工技术资料和文件日常使用的监管	2
		（4）计算机维修服务站点维修服务数据及用户数据的日常监管	1）维修服务站点维修服务数据及用户数据使用权限及保密制度认知 2）维修服务站点员工维修服务数据及用户数据日常使用的监管 ①接收维修服务数据及用户数据 ②存储更新和查看维修服务数据及用户数据	（1）方法：讲授法、案例教学法	2

续表

模块	课程	学习单元	课程内容	培训建议	课堂学时
3．物料及文件管理	3-3 文件资料管理	(4) 计算机维修服务站点维修服务数据及用户数据的日常监管	③对内、对外发送维修服务数据及用户数据 ④销毁维修服务数据及用户数据 ⑤常见问题和案例分析	(2) 重点与难点：维修服务站点员工维修服务数据及用户数据日常使用的监管	
4．维修体系管理	4-1 维修服务网络建设和管理	(1) 计算机维修服务站点建设方案的规划或改进	1) 维修服务站点设立标准和建设方案 ①空间布局设计方案 ②站点设立标准 ③站点建设方案	(1) 方法：讲授法、案例教学法 (2) 重点与难点：维修服务站点建设方案的规划和改进	2
			2) 维修服务站点建设方案的规划和改进 ①分析未来业务需求 ②制定空间布局优化方案 ③制定改进方案		
		(2) 安排计算机维修服务站点工作人员岗位及管理维修服务运行流程	1) 维修服务站点岗位设立标准和岗位人员安排准则 ①岗位设立标准 ②人员安排准则 ③维修服务运行流程	(1) 方法：讲授法、案例教学法 (2) 重点与难点：维修服务运行流程管理	3
			2) 安排本维修服务站点工作人员的岗位 ①业务运营 ②维修 ③物料管理和仓储 ④协调和接待		
			3) 维修服务运行流程管理 ①监督和考核日常业务实施流程 ②监督和考核日常业务操作规范 ③监督和考核日常业务运行指标 ④日常业务问题改善		

续表

模块	课程	学习单元	课程内容	培训建议	课堂学时
4．维修体系管理	4-1 维修服务网络建设和管理	（3）计算机维修服务信息系统部署	1）计算机维修服务信息系统及App在维修服务站点的部署方法和管理规定 ①计算机维修服务信息系统及App使用方法 ②计算机维修服务信息系统及App管理规定 ③计算机维修服务信息系统及App部署方法和规范	（1）方法：讲授法、案例教学法 （2）重点与难点：部署计算机维修服务信息系统及App等维修网络在线工具	3
			2）部署计算机维修服务信息系统及App等维修网络在线工具 ①部署方案 ②部署环境和部署设备搭建 ③计算机维修服务信息系统及App部署运行测试 ④管理规定		
			3）计算机维修服务信息系统及App工具使用指导 ①注册 ②登录 ③权限 ④功能 ⑤使用方法		
	4-2 培训与指导	（1）现场维修服务操作示范与指导	1）计算机维修服务操作规范、常见问题及指导技巧 ①操作规范 ②常见问题 ③培训指导技巧	（1）方法：讲授法、案例教学法 （2）重点与难点：本维修服务站点现场维修服务操作的示范和指导	2
			2）用户现场服务常见问题和远程技术支持方法与技巧 ①远程技术支持方法 ②远程技术支持技巧		

续表

模块	课程	学习单元	课程内容	培训建议	课堂学时
4．维修体系管理	4-2　培训与指导	（2）安全生产操作示范与指导	1）安全生产操作规范 ①安保规定 ②常见问题 ③应对方案	（1）方法：讲授法、案例教学法 （2）重点与难点：安全生产操作行为的示范和指导	2
			2）安全生产操作指导要点与技巧		
		（3）维修工具、仪器仪表使用技能指导	1）各类工具、仪器仪表的培训计划和培训指导规范 ①培训计划 ②培训方案 ③培训技巧	（1）方法：讲授法、案例教学法 （2）重点与难点：维修工具、仪器仪表使用指导	2
			2）维修工具、仪器仪表使用技能的指导		
5．数据分析与研究	5-1　数据收集	（1）计算机维修服务站点定期收集单据制度	1）计算机维修服务站点定期收集单据制度的意义 ①维修服务原始数据 ②维修服务质量原始信息 ③维修服务成本原始数据 ④其他意义	（1）方法：讲授法、案例教学法 （2）重点：计算机维修服务站点定期收集单据制度的意义 （3）难点：维修服务站点维修服务单据和物料领用与回收单据收集整理	2
			2）维修服务站点维修服务单据和物料领用与回收单据收集整理 ①维修服务类单据 ②物料类单据		
		（2）使用专用在线系统工具管理计算机维修服务站点各类单据	1）在线系统工具审批、查验、核实计算机维修服务站点各类电子化单据 ①相应的角色和权限常规设置 ②计算机维修服务系统的常规操作流程 ③移动App的常规操作流程	（1）方法：讲授法、案例教学法	3

续表

模块	课程	学习单元	课程内容	培训建议	课堂学时
5．数据分析与研究	5-1　数据收集	（2）使用专用在线系统工具管理计算机维修服务站点各类单据	2）在线审批、查验、核实计算机维修服务站点各类电子化单据的特点 ①维修服务单据 ②零配件领用单据 ③维修服务工具及设备领用单据 ④故障配件回收单据 ⑤其他物料领用和回收单据	（2）重点难点：在线审批、查验、核实计算机维修服务站点各类电子化单据的特点	
		（3）计算机维修服务站点常用报表的制作	1）计算机维修服务站点常用报表 ①维修服务单据统计报表 ②零配件消耗和库存报表 ③服务与产品质量跟踪类报表 ④维修服务成本统计类报表 ⑤客户满意度及其他类型报表	（1）方法：讲授法、案例教学法 （2）重点：计算机维修服务站点常用报表 （3）难点：计算机维修服务站点报表的制作方法	3
			2）计算机维修服务站点报表的制作方法 ①在线系统自动生成或抓取 ②手工制作 ③混合型制作		
	5-2　问题分析与研究	（1）升级计算机维修服务非常规问题	1）计算机维修服务非常规问题的界定 ①突发的技术事件 ②高服务级别客户诉求无法满足 ③其他没有预案的维修服务问题	（1）方法：讲授法、案例教学法	3

续表

模块	课程	学习单元	课程内容	培训建议	课堂学时
5．数据分析与研究	5-2　问题分析与研究	（1）升级计算机维修服务非常规问题	2）计算机维修服务非常规问题升级报告的编写要求 ①行业及企业内部通用专业用语 ②报告结构全面、逻辑合理 ③问题或事件描述精练且目的性强 ④相关人员责任清晰	（2）重点与难点：计算机维修服务非常规问题升级报告的编写要求	
			3）计算机维修服务非常规问题升级实施 ①升级受理人的确定 ②升级流程和途径 ③升级的时效性 ④信息反馈跟踪		
		（2）计算机技术测试及数据收集等辅助研究	1）计算机技术测试和数据收集环境搭建的常规方式 ①主机与附件性能测试或烤机环境 ②料件性能测试或烤机环境 ③软件适用性测试环境 ④指定使用环境	（1）方法：讲授法、案例教学法 （2）重点：计算机技术测试和数据收集环境搭建的常规方式 （3）难点：计算机技术测试及数据收集的研究辅助工作	6
			2）计算机技术测试及数据收集的研究辅助工作 ①软硬件环境搭建 ②现场数据收集及监控 ③远程数据收集及监控 ④填写报告数据及信息收集栏		
课堂学时合计					155

2.2.5　二级 / 技师职业技能培训课程规范

模块	课程	学习单元	课程内容	培训建议	课堂学时
1．修理与维护	1-1　计算机的安装与维护	（1）Linux 服务器操作系统软件与驱动程序的安装	1）常见 Linux 服务器操作系统软件发行版安装 ①Debian ②Ubuntu ③OpenSUSE ④Fedora ⑤CentOS	（1）方法：讲授法、演示法、案例教学法 （2）重点与难点：常见 Linux 服务器操作系统软件的安装	4
			2）基于 Linux 的国产服务器操作系统软件安装 ①红旗 Linux ②UOS 统信 ③中标麒麟 ④银河麒麟		
			3）其他 Linux 服务器操作系统软件安装与系统驱动程序的安装		
		（2）Linux 服务器的日常维护	1）Linux 服务器日常维护制度的认知 ①种类 ②方法 ③非常规检查等	（1）方法：讲授法、演示法、案例教学法 （2）重点与难点：Linux 服务器的软件日常维护	3
			2）Linux 服务器的硬件日常维护		
			3）Linux 服务器的软件日常维护		
		（3）Linux 服务器操作系统应用常见软硬件配置	1）Linux 服务器初始安装常用硬件配置 ①CPU 资源配置 ②硬盘资源配置 ③其他硬件配置	（1）方法：讲授法、演示法 （2）重点与难点：Linux 服务器初始安装常用软件配置	4
			2）Linux 服务器初始安装常用软件配置 ①本机使用权限配置 ②网络配置 ③防火墙配置 ④其他软件配置		

续表

模块	课程	学习单元	课程内容	培训建议	课堂学时
1. 修理与维护	1-1 计算机的安装与维护	（4）Linux 服务器操作系统虚拟化	1）Linux 服务器操作系统虚拟化 ①发展 ②特点 ③主流技术	（1）方法：讲授法、演示法、案例教学法 （2）重点与难点：Linux 服务器操作系统虚拟化实现	4
			2）Linux 服务器操作系统虚拟化实现 ①chroot ②LXC ③Docker ④Linux Vserver ⑤Virtuozzo/OpenVZ		
		（5）Linux 服务器环境批量操作系统部署和升级	1）Linux 服务器操作系统批量部署 ①自动化运维概念 ②软硬件要求	（1）方法：讲授法、演示法、案例教学法 （2）重点与难点：Linux 服务器操作系统批量部署和升级操作	6
			2）Linux 服务器操作系统批量部署常用软件工具 ①WDS 服务 ②kickstart ③Cobbler ④其他工具		
			3）Linux 服务器操作系统批量部署和升级操作		
		（6）Linux 服务器数据备份和恢复	1）确认 Linux 服务器关键数据 ①业务数据 ②配置信息 ③其他数据	（1）方法：讲授法、演示法、案例教学法 （2）重点与难点：Linux 服务器备份策略和方式	4
			2）Linux 服务器备份策略和方式 ①手动 / 自动备份 ②本地 / 异地备份 ③完全 / 增量 / 差异备份		
			3）Linux 服务器数据的备份和恢复操作 ①自动化软件工具 ②手动操作		

续表

模块	课程	学习单元	课程内容	培训建议	课堂学时
1．修理与维护	1-1 计算机的安装与维护	（7）配置Linux服务器负载均衡集群、高可用集群及网络存储方案	1）Linux服务器负载均衡集群配置 ①基本原理 ②DNS负载均衡 ③代理服务器负载均衡 ④地址转换网关负载均衡 ⑤其他负载均衡配置 ⑥混合负载均衡	（1）方法：讲授法、演示法、案例教学法 （2）重点与难点：Linux服务器高可用集群配置，服务器网络部署	10
			2）Linux服务器高可用集群配置 ①实现原理和基本模型 ②衡量标准和验证方法 ③常用软件		
			3）Linux服务器网络部署 ①拓扑设计 ②配置和验证 ③维护 ④升级		
		（8）按照网络配置文件实现Linux服务器常见服务和应用的安装与配置	1）Linux服务器部署并行文件系统或分布式文件系统的相关参数配置	（1）方法：讲授法、演示法、案例教学法 （2）重点与难点：按照网络配置文件完成Linux服务器常见服务和应用的安装与配置	6
			2）Linux服务器双机热备方案配置		
			3）集中式Linux服务器用户权限统一管理的实现		
			4）Linux服务器的计划任务控制		
			5）Linux服务器主流数据库软件的安装和设置		
			6）Linux服务器网络安全策略		

续表

模块	课程	学习单元	课程内容	培训建议	课堂学时
1．修理与维护	1–2 故障修复	（1）Linux服务器操作系统及驱动程序问题的定位和排除	1）版本升级	（1）方法：讲授法、演示法、案例教学法 （2）重点与难点：Linux服务器常见操作系统及驱动程序问题的排除方法	2
			2）漏洞修复		
			3）资源清理		
			4）杀毒		
		（2）在用户现场使用配件热替换法修复专用服务器及特殊功能辅助设备	1）在用户现场使用配件热替换法修复专用服务器及特殊功能辅助设备 ①可热替换服务器配件的认知 ②客户数据备份及业务安全机制考量 ③服务器操作系统热替换相关技术要求 ④服务器运行现场环境热替换可行性确认 ⑤各类服务器配件的热插拔操作方法	（1）方法：讲授法、案例教学法 （2）重点与难点：在用户现场使用配件热替换法修复专用服务器及特殊功能辅助设备	4
			2）在用户现场中断故障服务器运行更换配件 ①确认故障服务器或特殊功能辅助设备停机是否会影响客户业务运行情况 ②故障服务器停止运行会影响客户业务正常运行时的注意事项 ③服务器停机用户现场维修服务客户沟通技巧		
		（3）替换计算机电子电器部件上的电子元器件	1）使用计算机电子电器技术资料 ①计算机厂商官方电器逻辑图的运用 ②计算机厂商官方各电子电器部件电路图的运用	（1）方法：讲授法、案例教学法	4

续表

模块	课程	学习单元	课程内容	培训建议	课堂学时
1．修理与维护	1-2 故障修复	（3）替换计算机电子电器部件上的电子元器件	③计算机厂商官方各电气信号及数据流程说明资料的运用 ④其他电子电器技术资料的辅助运用	（2）重点与难点：计算机电子电器部件典型元器件级替换维修	
			2）机械硬盘拆装		
			3）计算机电子电器部件典型元器件级替换维修 ①更换 CPU 底座 ②更换南、北桥 ③更换计算机主板上的其他元器件 ④更换电源模块上的元器件 ⑤更换电气线缆和其他部件上的电子元器件		
			4）计算机元器件级替换维修的注意事项 ①替换器件型号或兼容性确认 ②拆卸器件并避免损伤基板焊盘 ③故障定位信息确认及有条件的故障再现 ④焊接完毕后仔细确认焊接点、腿焊接状态，避免不必要的短路损坏 ⑤焊锡、焊珠、松油等焊接辅助材料主要用量用法 ⑥过孔、飞线的使用后清理		
		（4）在计算机元器件级维修翻新工厂批量修复故障配件和组件	1）计算机元器件级维修翻新后配件或整机常规质量标准 ①功能正常外观有瑕疵但不影响使用 ②功能正常外观无瑕疵	（1）方法：讲授法、案例教学法	4

续表

模块	课程	学习单元	课程内容	培训建议	课堂学时
1．修理与维护	1-2　故障修复	(4) 在计算机元器件级维修翻新工厂批量修复故障配件和组件	2）计算机主要电子部件批量修复和翻新典型设备设施及岗位安排 ①计算机主板 ②计算机电源模块 ③显示器 ④硬盘及其他可维修翻新配件	(2) 重点与难点：计算机主要电子部件批量修复和翻新典型设备设施及岗位安排	
		(5) 按照网络配置文件排除 Linux 服务器常见服务和应用问题	1）Linux 服务器丢包与延迟问题的定位和处理	(1) 方法：讲授法、案例教学法 (2) 重点与难点：按照网络配置文件排除 Linux 服务器常见服务和应用问题	4
			2）Linux 服务器系统服务降级问题的分析和解决		
			3）Linux 服务器系统遭遇黑客攻击、病毒暴发等严重事件时的处理方案		
			4）Linux 服务器系统产品及信息网络系统的潜在问题的排除		
	1-3　测试与验机	(1) 计算机或其备件的烤机工作的管理	1）计算机整机产品烤机工作的管理 ①个人计算机整机烤机环境搭建、团队组织及执行监管 ②服务器整机烤机环境搭建、团队组织及执行监管 ③客户业务环境（或模拟）下的计算机产品烤机工作的管理	(1) 方法：讲授法、案例教学法	2
			2）计算机配件烤机工作的管理 ①计算机主板烤机环境搭建、团队组织及执行监管 ②计算机电源模块烤机环境搭建、团队组织及执行监管		

续表

模块	课程	学习单元	课程内容	培训建议	课堂学时
1．修理与维护	1–3 测试与验机	（1）计算机或其备件的烤机工作的管理	③计算机显示器烤机环境搭建、团队组织及执行监管 ④计算机硬盘烤机环境搭建、团队组织及执行监管 ⑤计算机网卡、显卡以及各种扩展卡烤机环境搭建、团队组织及执行监管 ⑥计算机产品兼容配件烤机工作的管理	（2）重点与难点：计算机备件烤机工作的管理	
		（2）计算机元器件级维修翻新工厂终检管理	1）维修翻新后备件入库前终检的意义 ①不同质量标准的维修翻新后备件入库 ②不同服务模式和级别所对应维修翻新后备件	（1）方法：讲授法、案例教学法	2
			2）典型维修翻新备件终检实施管理方法 ①主板的终检标准、岗位安排及操作流程监管 ②电源模块的终检标准、岗位安排及操作流程监管 ③CPU 的终检标准、岗位安排及操作流程监管 ④显示器的终检标准、岗位安排及操作流程监管 ⑤内存条的终检标准、岗位安排及操作流程监管 ⑥网卡、显卡以及各种扩展卡的终检标准、岗位安排及操作流程监管		

续表

模块	课程	学习单元	课程内容	培训建议	课堂学时
1．修理与维护	1-3　测试与验机	(2) 计算机元器件级维修翻新工厂终检管理	⑦个人计算机整机的终检标准、岗位安排及操作流程监管 ⑧服务器整机的终检标准、岗位安排及操作流程监管 ⑨兼容配件及特殊项目需求对应的终检工作管理	(2) 重点与难点：典型维修翻新备件终检实施管理方法	
		(3) 修复后的 Linux 服务器外观完备性确认	Linux 服务器软件完备性确认	(1) 方法：讲授法、案例教学法 (2) 重点与难点：Linux 服务器软件完备性确认方法	2
		(4) Linux 服务器修复后的功能测试	1) Linux 服务器服务请求时的故障排除确认测试 ①电子电器类故障修复测试 ②结构件更换后测试 ③软件网络问题解决后测试 2) Linux 服务器的烤机测试 ①服务器主机特定条件的可靠性确认烤机 ②服务器软件和网络问题的重现烤机 ③服务器用户特定业务问题重现烤机	(1) 方法：讲授法、演示法 (2) 重点与难点：Linux 服务器故障点修复确认	2
2．物料及文件管理	2-1　工具管理	(1) 元器件级维修翻新工厂设备设施的安装与布置	1) 元器件级维修翻新工厂设备设施的安装和布置规范 ①安防 ②消防 ③防静电器具 ④设备设施的存贮、转运 2) 验收元器件级维修翻新工厂设备设施的安装与布置注意事项	(1) 方法：讲授法、演示法、实训法 (2) 重点：指导和验收设备设施的安装与布置	2

续表

模块	课程	学习单元	课程内容	培训建议	课堂学时
2．物料及文件管理	2-1　工具管理	（2）维修设备及工具分级配备标准及管理规范	1）计算机维修服务网络维修设备及工具分级配备标准 ①服务设备设施 ②维修用仪器仪表 ③个人维修工具	（1）方法：讲授法、演示法、实训法、案例教学法 （2）重点：计算机维修服务网络维修设备及工具分级配备管理规范	2
			2）计算机维修服务网络维修设备及工具分级配备管理规范		
	2-2　备件管理	（1）计算机维修服务网络各级站点备件、备机采购和库存标准制定与实施	1）计算机维修服务网络各级站点的备机、备件的采购和库存标准制定	（1）方法：讲授法、演示法、实训法、案例教学法 （2）重点与难点：计算机维修服务网络各级站点的备机、备件的采购和库存标准监督执行要点	2
			2）计算机维修服务网络各级站点的备机、备件的采购和库存标准监督执行要点		
		（2）计算机维修服务突发事件应急处置方案	1）突发备件短缺或批量质量问题升级流程	（1）方法：讲授法、案例教学法 （2）重点：计算机维修服务突发事件应急处置方案实施	2
			2）应急处置方案实施		
	2-3　文件资料管理	（1）各级站点维修服务相关文件资料管理办法	1）维修服务技术资料管理办法	（1）方法：讲授法、演示法、实训法、案例教学法 （2）重点：维修服务各类单据管理办法	2
			2）维修服务宣传材料管理办法		
			3）维修服务各类单据管理办法		
			4）文件资料管理办法监督执行		
		（2）计算机维修服务站点三级／高级工及以下级别人员技术资料和文件使用权限规定	1）规范对象	（1）方法：讲授法、演示法、实训法、案例教学法 （2）重点：权限内容	2
			2）权限内容		

续表

模块	课程	学习单元	课程内容	培训建议	课堂学时
2．物料及文件管理	2-3　文件资料管理	（3）计算机维修服务站点三级／高级工及以下级别人员使用维修服务系统权限的规定	1）规范对象	（1）方法：讲授法、演示法、实训法、案例教学法 （2）重点：权限内容	2
			2）权限内容		
		（4）在线上传、更新计算机维修服务电子资料的操作流程和管理规范	1）计算机维修服务电子资料的级别 ①实施紧迫性级别 ②威胁严重性级别 ③层级保密级别 ④用途分类	（1）方法：讲授法、演示法、实训法、案例教学法 （2）重点：计算机维修服务电子资料上传、更新方式与常规管理规范	2
			2）计算机维修服务电子资料上传、更新方式与常规管理规范 ①社会面公布（企业官网） ②企业内部技术资料系统或论坛公布 ③电子邮件或社交媒体传送		
3．维修体系管理	3-1　维修服务网络建设和管理	（1）各级维修服务站点的发展和认定	1）各级计算机维修服务站点认定标准及管理规定文件 ①站点分级认定标准 ②站点管理规定 ③服务网络管理政策	（1）方法：讲授法、案例教学法 （2）重点与难点：各级维修服务站点的发展和认定	2
			2）各级维修服务站点的发展和认定 ①考核运营能力 ②考核运营业绩 ③考核客户满意度 ④站点分级认定		
		（2）计算机维修服务站点拓展计划制订	1）当前市场需求分析 ①市场需求调研 ②需求数据分析 ③拓展需求分析	（1）方法：讲授法、案例教学法	2

续表

模块	课程	学习单元	课程内容	培训建议	课堂学时
3．维修体系管理	3-1　维修服务网络建设和管理	（2）计算机维修服务站点拓展计划制订	2）制订服务站点拓展计划 ①站点管理规范 ②站点拓展计划	（2）重点与难点：制订服务站点拓展计划	
		（3）计算机维修服务站点建设或改造方案的审批	1）计算机维修服务站点建设和改造方案审批原则 ①各类安全原则 ②客户体验原则 ③接待、维修、存储、办公各功能布局齐全合理 ④维修服务站点分级标准	（1）方法：讲授法、案例教学法 （2）重点与难点：计算机维修服务站点建成后验收方法	2
			2）计算机维修服务站点建成后验收方法 ①接待、维修、存储、办公各功能区符合设计方案 ②供电、网络、防静电、消防、防盗等安全设施安装到位且工作状态良好 ③接待台、维修操作台、维修调试仪器、工具及零配件存储设施安装到位且工作状态良好		
		（4）维修服务信息系统账户与权限管理和在线维修服务系统的部署和应用监管	1）维修服务信息系统账户与权限管理 ①账户申请和批复 ②账户激活、锁定和注销 ③系统操作等级授权	（1）方法：讲授法、案例教学法 （2）重点与难点：在线维修服务系统的部署	3
			2）在线维修服务系统的部署 ①部署管理方法 ②部署实施方案 ③部署后测试		
			3）在线维修服务系统的应用监管 ①维修数据 ②系统规范操作 ③系统应用问题处理		

续表

模块	课程	学习单元	课程内容	培训建议	课堂学时
3. 维修体系管理	3-2 培训与指导	(1) 计算机维修技术培训和线上自学监管和指导	1) 培训计划、实施流程和培训规范 ①服务站人员培训计划 ②培训实施流程 ③计算机维修理论技术培训规范 ④培训技巧	(1) 方法：讲授法、案例教学法 (2) 重点与难点：培训计划、实施流程和培训规范	3
			2) 线上自学的监管和指导注意事项		
		(2) 政策、法律法规培训	1) 法律法规和政策培训计划及培训方案 ①培训计划 ②培训方案 ③培训技巧	(1) 方法：讲授法、案例教学法 (2) 重点：实施培训计划 (3) 难点：政策、法律法规案例分析和处理指导	3
			2) 政策、法律法规案例分析和处理指导		
		(3) 投诉、纠纷处理案例培训	1) 售后投诉、纠纷案例的培训方法	(1) 方法：讲授法、案例教学法 (2) 重点与难点：投诉、纠纷案例分析和处理	3
			2) 投诉、纠纷案例分析和处理 ①案例关键点 ②处理过程		
		(4) 保密制度和保密安全流程培训	1) 计算机安全保密制度和流程培训方案 ①计算机安全保密制度培训方案 ②计算机安全保密流程培训方案 ③培训技巧	(1) 方法：讲授法、案例教学法 (2) 重点：按照计算机安全保密制度和流程培训方案实施培训 (3) 难点：计算机安全保密制度和流程培训方案	4
			2) 按照计算机安全保密制度和流程培训方案实施培训 ①个人隐私数据 ②商业机密数据 ③保密安全流程 ④其他保密制度		

续表

模块	课程	学习单元	课程内容	培训建议	课堂学时
4．数据分析与研究	4–1　数据收集	（1）各类单据的定期收集和分类整理	1）定期从计算机维修服务网络中收集各种单据的方式 ①在线抓取电子单据 ②电子邮件获取扫描单据 ③纸质单据收集 ④其他收集方式 2）计算机维修服务单据分类整理方法 ①按产品型号或系列 ②按客户类型和服务诉求 ③按故障原因及相关信息 ④按维修服务成本 ⑤按地域及其他方式 3）零配件和物料的领用与回收单据分类整理方法 ①按料件型号或系列 ②按领用或回收方式 ③按故障或使用原因 ④按整机型号或系列 ⑤按地域及其他方式	（1）方法：讲授法、案例教学法 （2）重点：收集各种单据的方式 （3）难点：单据分类整理方法	3
		（2）使用计算机维修服务信息系统管理服务网络的电子单据	1）在线管理计算机维修服务网络的电子维修单据 ①按服务水平政策审批服务网络内相应级别的计算机电子维修服务单据 ②在线获取及核实服务质量及客户满意度相关信息 ③在线获取及查验计算机维修服务网络内各站点和工程师维修技能水平信息	（1）方法：讲授法、案例教学法 （2）重点：在线管理计算机维修服务网络的电子维修单据	3

续表

模块	课程	学习单元	课程内容	培训建议	课堂学时
4. 数据分析与研究	4-1 数据收集	（2）使用计算机维修服务信息系统管理服务网络的电子单据	④在线获取及查验计算机维修服务网络内各站点成本控制情况 ⑤计算机维修服务业务危机在线（远程）管理	（3）难点：在线管理计算机维修服务网络的料件使用电子单据	
			2）在线管理计算机维修服务网络的料件使用电子单据 ①根据料件成本分级控制原则在线审批服务网络内相应级别的零配件和物料领用与回收电子单据 ②在线查验与核实计算机维修服务网络内各站点料件使用合规性 ③在线查验与核实计算机维修服务网络内各点料件安全库存量 ④在线查验与核实计算机维修服务网内各点料件回收合规性 ⑤在线掌握和控制整个维修服务网络的零配件和物料其他要素		
		（3）计算机维修服务网络维修数据报表的制作	1）计算机维修网络与站点报表的联系和区别 ①联系 ②区别	（1）方法：讲授法、案例教学法 （2）重点：全计算机维修服务网络报表的制作方法 （3）难点：特殊需求的报表制作	3
			2）全计算机维修服务网络报表的制作方法 ①在线系统自动生成或抓取定期例行报表 ②手工合并站点制作定期例行报表 ③特殊需求的报表制作		

续表

模块	课程	学习单元	课程内容	培训建议	课堂学时
4．数据分析与研究	4-2　问题分析与研究	（1）组织搭建新开发计算机维修维护方案的测试验证环境	1）组织搭建新开发计算机维修维护方案的测试验证环境的目的和意义 ①计算机新产品的维修维护方案测试验证环境搭建 ②计算机新型号配件或配件技术更新应用测试验证环境搭建 ③计算机产品新业务应用特殊需求维修服务方案测试验证环境搭建	（1）方法：讲授法、案例教学法 （2）重点：新开发计算机维修维护方案测试环境搭建指导文件的主要内容 （3）难点：新开发计算机维修维护方案测试验证环境组织搭建工作的主要事项	3
			2）新开发计算机维修维护方案测试验证环境组织搭建工作的主要事项 ①团队的组建、工作安排及指导 ②软硬件环境准备 ③测试验证计划安排 ④相应的资料及单据准备		
		（2）新开发维修维护方案的测试和报告	1）新开发维修维护方案测试的执行 ①测试流程和指导文件的识读 ②数据收集表单和工具的准备 ③测试团队及测试流程管理	（1）方法：讲授法、案例教学法 （2）重点：新开发维修维护方案测试的执行 （3）难点：新开发维修维护方案的测试报告制作及上报	3
			2）新开发维修维护方案的测试报告制作及上报 ①测试原始数据和信息的识读和分析 ②测试过程的编写 ③统计表制作和结论编写 ④测试报告的提交		

续表

模块	课程	学习单元	课程内容	培训建议	课堂学时
4．数据分析与研究	4-2 问题分析与研究	(3) 新开发软件测试工具的验证	1) 新批量测试用脚本的验证 ①批量部署操作系统和应用 ②批量刷新计算机基本输入输出系统（BIOS） ③批量刷新计算机基板管理控制器（BMC） ④批量更改计算机设置 2) 专用测试目的新软件工具的验证 ①目的实现验证 ②功能实现和可靠性验证 ③安装及操作流程验证 ④软件界面验证 ⑤验证测试报告编写	(1) 方法：讲授法、案例教学法 (2) 重点与难点：专用测试目的新软件工具的验证	3
课堂学时合计					123

2.2.6 一级 / 高级技师职业技能培训课程规范

模块	课程	学习单元	课程内容	培训建议	课堂学时
1．修理与维护	1-1 计算机的维护和保养	(1) UNIX 和类 UNIX 服务器操作系统软件与驱动程序的安装及更新	1) UNIX 和类 UNIX 服务器操作系统软件概述 ①SUN Solaris ②FreeBSD ③IBM AIX ④HP-UX ⑤OpenBSD ⑥其他 UNIX 操作系统 2) UNIX 和类 UNIX 服务器操作系统软件的安装与更新	(1) 方法：讲授法、案例教学法	2

续表

模块	课程	学习单元	课程内容	培训建议	课堂学时
1. 修理与维护	1-1 计算机的维护和保养	（1）UNIX 和类 UNIX 服务器操作系统软件与驱动程序的安装及更新	①SUN Solaris ②FreeBSD ③IBM AIX ④HP-UX ⑤OpenBSD ⑥其他 UNIX 操作系统	（2）重点与难点：UNIX 和类 UNIX 服务器操作系统安装与更新	
			3）UNIX 和类 UNIX 服务器操作系统驱动程序的安装与更新		
		（2）UNIX 和类 UNIX 服务器操作系统应用常见软硬件配置	1）UNIX 和类 UNIX 服务器操作系统应用常见软件配置 ①本机使用权限配置 ②网络配置 ③防火墙配置 ④其他软件配置	（1）方法：讲授法、演示法 （2）重点与难点：UNIX 和类 UNIX 服务器初始安装常用软件配置	4
			2）UNIX 和类 UNIX 服务器硬件配置方法 ①CPU 资源配置 ②硬盘资源配置 ③其他硬件配置		
		（3）UNIX 和类 UNIX 服务器日常维护	1）UNIX 和类 UNIX 服务器日常维护制度的认知 ①种类 ②方法 ③非常规检查等	（1）方法：讲授法、演示法、案例教学法 （2）重点与难点：UNIX 和类 UNIX 服务器的软件日常维护	3
			2）UNIX 和类 UNIX 服务器的硬件日常维护		
			3）UNIX 和类 UNIX 服务器的软件日常维护		
		（4）UNIX 和类 UNIX 服务器环境批量操作系统的部署和升级	1）UNIX 和类 UNIX 服务器操作系统批量部署 ①自动化运维概念 ②软硬件要求	（1）方法：讲授法、演示法、案例教学法	6

续表

模块	课程	学习单元	课程内容	培训建议	课堂学时
1．修理与维护	1-1 计算机的维护和保养	（4）UNIX 和类 UNIX 服务器环境批量操作系统的部署和升级	2）UNIX 和类 UNIX 服务器操作系统批量部署常用软件工具 ①WDS 服务 ②kickstart ③Cobbler ④其他工具	（2）重点与难点：UNIX 和类 UNIX 服务器操作系统批量部署和升级操作	
			3）UNIX 和类 UNIX 服务器操作系统批量部署和升级操作		
		（5）UNIX 和类 UNIX服务器数据备份和恢复	1）确认 UNIX 和类 UNIX 服务器关键数据 ①业务数据 ②配置信息 ③其他数据	（1）方法：讲授法、演示法、案例教学法 （2）重点与难点：UNIX 和类 UNIX 服务器备份策略和方式	4
			2）UNIX 和类 UNIX 服务器备份策略和方式 ①手动 / 自动备份 ②本地 / 异地备份 ③完全 / 增量 / 差异备份		
			3）UNIX 和类 UNIX 服务器数据的备份和恢复操作 ①自动化软件工具 ②手动操作		
		（6）配置 UNIX 和类 UNIX 服务器负载均衡集群、高可用集群及网络部署	1）UNIX 和类 UNIX 服务器负载均衡集群配置 ①基本原理 ②DNS 负载均衡 ③代理服务器负载均衡 ④地址转换网关负载均衡 ⑤其他负载均衡配置 ⑥混合负载均衡	（1）方法：讲授法、演示法、案例教学法	10

续表

模块	课程	学习单元	课程内容	培训建议	课堂学时
1．修理与维护	1–1 计算机的维护和保养	(6) 配置UNIX和类UNIX服务器负载均衡集群、高可用集群及网络部署	2）UNIX和类UNIX服务器高可用集群配置 ①实现原理和基本模型 ②衡量标准和验证方法 ③常用软件	(2) 重点与难点：UNIX和类UNIX服务器高可用集群配置，服务器网络部署	
			3）UNIX和类UNIX服务器网络部署 ①拓扑设计 ②配置和验证 ③维护 ④升级		
		(7) UNIX和类UNIX服务器常见服务和应用的安装与配置	1）UNIX和类UNIX服务器主流数据库软件的安装和设置	(1) 方法：讲授法、演示法、案例教学法 (2) 重点与难点：按照网络配置文件对UNIX和类UNIX服务器常见服务和应用进行安装与配置	3
			2）UNIX和类UNIX服务器双机热备方案配置		
			3）UNIX和类UNIX服务器计划任务控制的实现		
			4）UNIX和类UNIX服务器环境及安全策略配置		
			5）UNIX和类UNIX服务器并行文件系统或分布式文件系统相关参数配置		
			6）集中式UNIX和类UNIX服务器用户权限统一管理的实现		
	1–2 故障修复	(1) UNIX和类UNIX服务器操作系统软件及驱动程序常见问题的排除	1）版本升级	(1) 方法：讲授法、演示法、案例教学法 (2) 重点与难点：UNIX和类UNIX服务器操作系统及驱动程序常见问题的排除方法	6
			2）漏洞修复		
			3）资源清理		
			4）杀毒		

续表

<table>
<tr><th>模块</th><th>课程</th><th>学习单元</th><th>课程内容</th><th>培训建议</th><th>课堂学时</th></tr>
<tr><td rowspan="9">1．修理与维护</td><td rowspan="8">1–2　故障修复</td><td rowspan="2">（2）计算机疑难故障的处理</td><td>1）计算机故障备件更换预案
①故障现象检查
②故障点判断
③故障件更换
④疑难故障案例分析
⑤疑难故障维修技巧</td><td rowspan="2">（1）方法：讲授法、案例教学法
（2）重点：计算机故障备件更换预案
（3）难点：故障部件更换和修复</td><td rowspan="2">4</td></tr>
<tr><td>2）故障部件更换和修复
①故障部件确认
②故障部件更换
③故障部件修复</td></tr>
<tr><td rowspan="2">（3）零器件修复和翻新的操作方法、流程制定及监督指导</td><td>1）零器件级批量修复翻新方法和流程制定
①批量修复翻新方法和流程
②批量维修翻新实施方案</td><td rowspan="2">（1）方法：讲授法、案例教学法
（2）重点：零器件级修复翻新的监督与指导
（3）难点：零器件级批量修复翻新方法和流程的制定</td><td rowspan="2">4</td></tr>
<tr><td>2）零器件修复翻新的监督与指导
①实施过程的监督
②问题反馈与指导</td></tr>
<tr><td rowspan="4">（4）按照网络配置文件排除UNIX和类UNIX服务器常见服务和应用问题</td><td>1）UNIX和类UNIX服务器丢包与延迟问题的定位和处理</td><td rowspan="4">（1）方法：讲授法、案例教学法
（2）重点：UNIX和类UNIX服务器常见服务和应用问题
（3）难点：按照网络配置文件对UNIX和类UNIX服务器系统遭遇黑客攻击、病毒暴发等严重事件进行排除</td><td rowspan="4">4</td></tr>
<tr><td>2）UNIX和类UNIX服务器系统服务降级问题的原因分析和解决</td></tr>
<tr><td>3）UNIX和类UNIX服务器产品及信息网络系统潜在问题的排除</td></tr>
<tr><td>4）UNIX和类UNIX服务器系统遭遇黑客攻击、病毒暴发等严重事件时的处理方案</td></tr>
<tr><td>1–3　测试与验机</td><td>（1）修复的UNIX和类UNIX服务器完备性确认</td><td>UNIX和类UNIX服务器完备性确认</td><td>（1）方法：讲授法、案例教学法
（2）重点与难点：UNIX和类UNIX服务器完备性确认方法</td><td>1</td></tr>
</table>

续表

模块	课程	学习单元	课程内容	培训建议	课堂学时
1．修理与维护	1–3　测试与验机	（2）UNIX和类UNIX服务器主机修复后的功能测试	1）UNIX和类UNIX服务器主机服务请求时的故障排除确认测试 ①电子电器类故障修复测试 ②结构件更换后测试 ③软件网络问题解决后测试	（1）方法：讲授法、演示法 （2）重点与难点：UNIX和类UNIX服务器主机故障点修复确认	2
			2）UNIX和类UNIX服务器主机的烤机测试 ①服务器主机特定条件的可靠性确认烤机 ②服务器软件和网络问题的重现烤机 ③服务器用户特定业务问题重现烤机		
		（3）计算机产品及相关部件的可靠性验证（烤机测试）方案的制定	1）计算机整机产品的可靠性验证（烤机测试）方案的制定方法 ①新型号上市前本地化可靠性验证 ②特殊业务需求型号适配性兼容性相关烤机测试	（1）方法：讲授法、案例教学法	2
			2）计算机整机及相关部件维修服务方案的可靠性验证（烤机测试）方案的制定方法 ①计算机整机维修服务方案可靠性验证（烤机） ②计算机相关配件和组件维修翻新方案可靠性验证（烤机） ③兼容附件配件零器件应用的维修翻新方案可靠性验证（烤机）		

续表

模块	课程	学习单元	课程内容	培训建议	课堂学时
1．修理与维护	1-3　测试与验机	（3）计算机产品及相关部件的可靠性验证（烤机测试）方案的制定	3）计算机软件可靠性验证（烤机测试）方案的制定方法 ①操作系统软件及驱动程序升级及打补丁（漏洞修复） ②应用程序及其升级版本 ③客户特殊业务需求适配性兼容性相关烤机测试	（2）重点与难点：元器件烤机方案实施指导	
		（4）计算机元器件级维修翻新备件质量标准及入库前终检方案的制定和管理方法	1）计算机元器件级维修翻新备件质量标准的制定方法 ①新备件（原厂出货未使用）标准 ②功能寿命标准如新备件但外观磨损（不影响使用） ③功能标准如新备件寿命相比新备件有差距 ④兼容备件或使用兼容零器件修复备件的标准 ⑤特殊目的备件的质量标准	（1）方法：讲授法、案例教学法 （2）重点与难点：好备件入库方案标准和终检方案制定	4
			2）典型计算机维修翻新备件入库前终检方案和操作流程制定方法 ①主板、电源模块等电子线路板卡 ②CPU 与内存条 ③显示器 ④计算机主机 ⑤兼容配件或使用兼容零器件维修翻新备件 ⑥特殊业务需求的维修翻新备件入库前终检方案制定的注意事项		

续表

模块	课程	学习单元	课程内容	培训建议	课堂学时
2．物料及文件管理	2-1　工具管理	（1）计算机维修服务场所基础设备设施标准和管理规范的制定方法	1）计算机维修服务场所基础设备设施配备标准的制定或修订 ①各级计算机客户维修服务站点 ②计算机元器件级维修翻新工厂 ③服务器调试机房 2）计算机维修服务场所基础设备设施管理规范的制定或修订 ①安全防范设备设施 ②消防设备设施 ③防静电设备设施 ④强弱电设备设施 ⑤存储与转运设备设施 ⑥其他设备设施	（1）方法：讲授法、实训法、案例教学法 （2）重点与难点：基础设备设施的配备、安装与布置标准的修订	2
		（2）计算机维修服务工具管理规范的制定方法	1）各级计算机维修工个人工具管理规范的制定 ①配备标准 ②采买、申领和使用 ③保管与保养 2）各类计算机维修服务场所仪器仪表与大型工具管理规范的制定 ①各级计算机维修服务站点 ②计算机元器件级维修翻新工厂 ③专用备件库房	（1）方法：讲授法、实训法、案例教学法 （2）重点与难点：工具管理规范的制定	2
		（3）参与计算机维修服务工具管理系统的开发和升级	1）维修服务工具管理系统开发过程 ①业务需求沟通 ②验收 ③试用期管理	（1）方法：讲授法、案例教学法	2

续表

模块	课程	学习单元	课程内容	培训建议	课堂学时
2. 物料及文件管理	2-1 工具管理	(3) 参与计算机维修服务工具管理系统的开发和升级	2) 维修服务工具管理系统升级需求 ①系统可靠性 ②业务流程更新 ③业务规模调整 ④成本及其他因素	(2) 重点与难点：维修服务工具管理系统开发需求	2
	2-2 备件管理	(1) 备机、备件管理制度的制定	1) 采买制度的制定	(1) 方法：讲授法、案例教学法 (2) 重点与难点：库存管理制度的制定	2
			2) 申领制度的制定		
			3) 使用制度的制定		
			4) 库存管理制度的制定		
		(2) 计算机维修服务各级站点及元器件级维修翻新工厂管理制度的制定与修订	1) 回收制度的制定与修订	(1) 方法：讲授法、实训法、案例教学法 (2) 重点与难点：报废制度的制定与修订	2
			2) 环保处置制度的制定与修订		
			3) 报废制度的制定与修订		
			4) 存储制度的制定与修订		
		(3) 计算机备件管理系统的开发和升级	1) 开发和升级计算机备件管理系统业务需求手册的编制方法 ①涉及备件操作的人员属性与权限 ②备件属性信息 ③备件仓储与物流属性信息 ④涉及备件的数据统计与报表 ⑤备件涉及操作的移动端 App 开发注意事项	(1) 方法：讲授法、实训法、案例教学法	2
			2) 开发和升级计算机备件管理系统过程中的管理与沟通 ①与开发人员的计算机备件信息管理系统需求手册的沟通		

续表

模块	课程	学习单元	课程内容	培训建议	课堂学时
2．物料及文件管理	2–2　备件管理	（3）计算机备件管理系统的开发和升级	②开发过程的管理与常见问题 ③验收与试运行 ④升级原因的分析与实施	（2）重点与难点：开发和升级计算机备件管理系统业务需求手册的编制方法	
	2–3　文件资料管理	（1）计算机维修服务相关文件的制定和修订	1）制度文件的制定和修订	（1）方法：讲授法、实训法、案例教学法 （2）重点与难点：制度文件的制定和修订	6
			2）保修政策的制定和修订		
			3）收费政策的制定和修订		
			4）技术文件的制定和修订		
		（2）计算机维修服务单据及使用规范的制定和修订	1）计算机维修服务单据设计和制定 ①报修机、件基本信息 ②报修人（客户）信息 ③保修与否相关内容 ④故障代码信息及故障或服务要求描述 ⑤维修操作描述和更换备件列表信息 ⑥维修服务费明细 ⑦客户满意度与其他信息	（1）方法：讲授法、实训法、案例教学法 （2）重点与难点：计算机维修服务纸质单据使用规范的制定方法	2
			2）计算机维修服务纸质单据使用规范的制定和修订方法 ①计算机维修服务操作流程考虑 ②计算机维修服务相关人员权限和岗位任务考虑 ③信息记载、携带、存放安全与便利性考虑 ④修订的原因种类及注意事项		

续表

<table>
<tr><th>模块</th><th>课程</th><th>学习单元</th><th>课程内容</th><th>培训建议</th><th>课堂学时</th></tr>
<tr><td rowspan="5">2. 物料及文件管理</td><td rowspan="5">2-3　文件资料管理</td><td rowspan="3">（3）计算机维修服务电子资料、单据、数据使用规范的制定和修订</td><td>1）电子资料使用规范的制定和修订</td><td rowspan="3">（1）方法：讲授法、实训法、案例教学法
（2）重点：电子资料使用规范的制定和修订</td><td rowspan="3">2</td></tr>
<tr><td>2）单据使用规范的制定和修订</td></tr>
<tr><td>3）数据使用规范的制定和修订</td></tr>
<tr><td rowspan="2">（4）计算机维修服务管理信息系统的开发和升级</td><td>1）开发计算机维修服务管理信息系统业务需求手册的编制方法
①计算机维修服务单据相关数据或信息项电子化基本知识
②计算机维修服务操作流程电子信息化
③计算机维修服务相关岗位权限电子信息化
④计算机维修服务数据统计与报表系统模块设计
⑤安全因素和策略考虑
⑥移动端App开发注意事项
⑦与备件管理系统技术和资料管理系统的数据交换</td><td rowspan="2">（1）方法：讲授法、演示法、案例教学法
（2）重点与难点：移动端App开发业务需求手册的编制</td><td rowspan="2">6</td></tr>
<tr><td>2）计算机维修服务管理信息系统的更新与升级
①计算机维修服务政策或流程发生变化
②计算机维修服务规模发生变化
③计算机维修服务管理信息系统支撑技术平台变更
④计算机维修服务管理信息系统自身技术和性能问题
⑤其他因素考量</td></tr>
</table>

续表

模块	课程	学习单元	课程内容	培训建议	课堂学时
3．维修体系管理	3-1　维修服务网络建设和管理	（1）计算机维修服务网络和站点的拓展策略的制定	1）计算机维修服务站点的设立及分级认定标准的制定与修订方法 ①地域因素 ②站点位置与面积 ③人员数量和技能水平 ④服务水平级别 ⑤修订因素 ⑥其他因素	（1）方法：讲授法、案例教学法 （2）重点与难点：计算机维修服务站点的设立及分级认定标准的制定和修订	8
			2）计算机维修服务网络的拓展策略制定与修订方法 ①地域覆盖率 ②客户满意度提升 ③管理有效性 ④备件物流和仓储 ⑤维修服务成本控制与收益 ⑥修订因素		
		（2）计算机维修服务网络和站点运营指标制定和修订	1）计算机维修服务网络和站点运营指标的制定方法 ①计算机维修工技能水平及业绩评定标准 ②各类计算机维修服务客户满意度评价标准 ③计算机维修服务网络和站点保修及非保修业务水平标准 ④计算机维修服务网络和站点成本控制指标 ⑤安全生产评价标准及其他运营指标	（1）方法：讲授法、案例教学法	6
			2）计算机维修服务网络和站点运营指标的修订因素分析 ①计算机产品相关市场情况发生变化 ②各类计算机维修服务客户满意度发生变化		

续表

模块	课程	学习单元	课程内容	培训建议	课堂学时
3．维修体系管理	3-1　维修服务网络建设和管理	（2）计算机维修服务网络和站点运营指标制定和修订	③计算机产品技术架构发生较大改变 ④维修服务信息及数据采集能力提升 ⑤维修服务成本发生较大变化或计算机售价发生变化 ⑥零配件供应受到影响	（2）重点与难点：计算机维修服务网络和站点的业绩考核、客户满意度及成本控制等制度与运营指标制定和修订	
	3-2　培训与指导	（1）计算机维修技术人员培训计划的制订与实施管理	1）计算机维修技术人员培训计划的制订目的和方法 ①目的和常用培训实施方法 ②新产品技术服务培训计划 ③新服务模式或新维修方案培训计划 ④各级维修工培训计划 ⑤特殊项目或其他特殊需求的培训	（1）方法：讲授法、案例教学法 （2）重点：制订培训计划 （3）难点：按照维修人才需求分析制定培训内容	6
			2）计算机维修技术人员培训计划的实施管理 ①线下培训的实施管理 ②线上培训课程的实施管理 ③培训后的考核与评价管理		
		（2）计算机维修技术培训资料的选定和编写	1）培训资料选择标准	（1）方法：讲授法、案例教学法 （2）重点与难点：计算机维修技术培训资料的编写	4
			2）计算机维修技术培训资料编写 ①选定资料内容 ②编写培训资料 ③编写注意事项		

续表

模块	课程	学习单元	课程内容	培训建议	课堂学时
3．维修体系管理	3-2　培训与指导	（3）计算机维修技术服务培训场地设立规范	1）各类计算机维修技术服务培训场地设立规范的制定方法 ①计算机软件安装类 ②计算机拆解与组装类实训 ③服务器机房环境的服务器安装、维护和修理类 ④元器件替换维修的实训 ⑤特殊需求的实训场地	（1）方法：讲授法、案例教学法 （2）重点与难点：培训场地设立规范的制定	6
			2）计算机维修技术服务培训场地的新技术应用规范 ①在线培训工具 ②虚拟现实技术 ③物联网技术		
		（4）计算机维修技术在线培训学习系统或专用App需求手册编制	1）在线培训学习系统或移动端App的开发需求 ①业务需求 ②系统和App的功能和要求 ③系统结构 ④开发业务需求手册的编制	（1）方法：讲授法、案例教学法 （2）重点：业务需求 （3）难点：开发业务需求手册的编制	6
			2）在线培训学习系统或专用App的测试和验收 ①测试方案 ②验收计划 ③实现功能阶段测试 ④上线和试运营监测		
			3）在线培训学习系统或专用App的推广 ①工具使用方法 ②学习方式 ③工具使用监管 ④工具使用问题收集和改善		

续表

模块	课程	学习单元	课程内容	培训建议	课堂学时
4．数据分析与研究	4-1　数据收集	（1）计算机维修服务各类统计报表设计	1）设计计算机维修服务各类统计报表 ①目的和用途 ②报表基本结构和数据项 ③制作或获取机制	（1）方法：讲授法、案例教学法 （2）重点：设计计算机维修服务各类统计报表 （3）难点：修订计算机维修服务各类统计报表	3
			2）修订计算机维修服务各类统计报表 ①修订的原因和目的 ②修订的时机 ③修订的方法		
		（2）报表收集机制建立	1）计算机维修服务报表收集机制 ①单个维修服务站点的报表机制 ②维修服务网络的报表机制	（1）方法：讲授法、案例教学法 （2）重点：计算机维修服务报表收集机制 （3）难点：计算机维修服务报表收集工作的安排	3
			2）计算机维修服务报表收集工作的安排 ①各类各级别报表负责岗位和执行岗位的确定 ②报表负责人的培训和指导 ③数据准确和失效的监督机制		
		（3）将人工电话与大数据技术相结合进行服务数据收集及分析	1）将人工电话与大数据技术相结合收集和分析计算机服务数据认知 ①了解客服语音数据转换与客服机器人相关应用技术 ②了解大数据技术基本作用以及如何帮助收集和处理信息及数据	（1）方法：讲授法、案例教学法 （2）重点：收集分析服务数据的目的	3

续表

模块	课程	学习单元	课程内容	培训建议	课堂学时
4．数据分析与研究	4-1　数据收集	（3）将人工电话与大数据技术相结合进行服务数据收集及分析	2）将人工电话与大数据技术相结合收集和分析计算机服务数据典型实施方案 ①客户对计算机产品及服务的偏好 ②计算机产品质量及服务水平相关指标的市场地位 ③计算机产品或维修服务投诉等风险预判 ④计算机维修服务数据技术资料及客户信息泄露防范 ⑤计算机非原厂维修服务的比例和原因查找	（3）难点：人工电话与大数据技术相结合制度及实施方案的制定方法	
		（4）突发技术事件的数据收集	1）突发技术事件的界定原则 ①同一故障数量异常增多 ②料件消耗异常增多 ③客户投诉异常集中 ④出现无技术资料的故障	（1）方法：讲授法、案例教学法 （2）重点：突发技术事件的界定原则 （3）难点：计算机维修服务突发技术事件数据收集策略的制定	2
			2）计算机维修服务突发技术事件数据收集策略的制定 ①问题升级制度落实 ②数据及报表制度落实 ③社会公共相关信息关注 ④其他策略		
	4-2　问题分析与研究	（1）非常见故障的检查方法和故障定位流程编制方法	1）零器件替换法在故障检测中的应用 ①整件测试测量技巧 ②零件测试测量技巧 ③综合分析方法	（1）方法：讲授法、案例教学法	4

续表

模块	课程	学习单元	课程内容	培训建议	课堂学时
4．数据分析与研究	4–2　问题分析与研究	（1）非常见故障的检查方法和故障定位流程编制方法	2）配件、组件故障定位流程编制方法 ①文字描述法 ②图形说明法	（2）重点与难点：配件、组件故障定位流程编制方法	
			3）计算机疑难故障案例分析		
		（2）计算机故障配件批量故障定位及零器件级维修方案的制定方法	1）批量对计算机故障配件进行故障定位的测试方法 ①对计算机故障配件进行故障定位的意义及可修复标准解析 ②计算机制造商相关维修服务技术资料分析方法 ③主要类型计算机配件或组件故障定位批量测试环境搭建方法 ④主要类型计算机配件或组件故障定位批量测试流程设计方法和注意事项	（1）方法：讲授法、案例教学法 （2）重点与难点：零器件替换法在批量维修中的应用	4
			2）零器件级批量维修翻新计算机配件或组件的方案设计方法 ①计算机制造商相关维修服务及零器件技术资料分析方法 ②主要类型计算机配件或组件批量维修环境（线）搭建方法 ③主要类型计算机配件或组件批量维修流程设计及岗位安排方法和注意事项		
		（3）改进计算机维修维护流程和方法	1）判断计算机维修维护流程和方法 ①完善的日常数据与信息收集 ②有效的数据报表和分析制度	（1）方法：讲授法、案例教学法	3

续表

模块	课程	学习单元	课程内容	培训建议	课堂学时
4．数据分析与研究	4-2　问题分析与研究	（3）改进计算机维修维护流程和方法	③维修服务各项业务指标目标设定	（2）重点：判断计算机维修维护流程和方法 （3）难点：计算机维修维护流程和方法改进方案的制定	
			2）计算机维修维护流程和方法改进方案制定 ①维修服务时效性指标 ②修复率指标 ③维修服务收益和成本性指标 ④客户满意度指标 ⑤产品升级或技术更新 ⑥其他需要改进的维修服务指标		
		（4）计算机维修服务操作环境的设计与改善	1）厂商信息和日常数据统计分析	（1）方法：讲授法、案例教学法 （2）重点与难点：计算机维修服务操作环境设计与改善方案的实施	6
			2）计算机维修服务操作环境设计与改善方案的制定 ①服务接待区基础知识 ②维修服务操作空间基础知识 ③库房及物品存放区基础知识 ④其他维修服务场所涉及区域		
			3）计算机维修服务操作环境设计与改善方案的实施 ①制订对维修服务业务正常开展影响最小的计划 ②指导维修服务站点负责人执行 ③指导元器件级维修工厂负责人执行 ④监督维修服务网络负责人执行 ⑤问题、效果跟踪与评估		

续表

模块	课程	学习单元	课程内容	培训建议	课堂学时
4．数据分析与研究	4-2　问题分析与研究	(5) 计算机维修服务与用户应对方案	1）开展计算机维修服务与用户应对研究的必要性 ①计算机非常规应用的用户维修服务需求应对 ②需提供特殊维修维护服务的重要客户 ③突发产品质量和售后服务事件的应对 ④涉及法律纠纷的维修服务事件 ⑤其他可能性	(1) 方法：讲授法、案例教学法 (2) 重点：开展计算机维修服务与用户应对研究的必要性 (3) 难点：计算机维修服务与用户应对方案的制定	6
			2）计算机维修服务与用户应对方案的制定 ①相关研究信息的收集 ②相关测试执行与结果分析 ③相关法律法规的明确 ④厂商内部政策考量		
		(6) 服务及产品质量数据分析及改进	1）根据计算机维修服务报表分析服务及产品质量数据 ①定期维修服务量统计及维修区域和站点比对 ②机型维修量及报修故障类别数据比对 ③计算机维修料件消耗数据统计与分析 ④重复维修数据分析与比对 ⑤客户评级标准与放弃维修服务数据与分析	(1) 方法：讲授法、案例教学法	6
			2）计算机服务与产品质量问题发现与改进措施的制定方法 ①从客户评价及重复维修率分析客户满意度数据		

续表

<table>
<tr><th>模块</th><th>课程</th><th>学习单元</th><th>课程内容</th><th>培训建议</th><th>课堂学时</th></tr>
<tr><td rowspan="3">4．数据分析与研究</td><td rowspan="3">4–2　问题分析与研究</td><td>（6）服务及产品质量数据分析及改进</td><td>②依据维修服务数据量评估维修服务站点业绩和服务网络覆盖率
③依据机型维修率及故障率评估计算机产品质量
④从维修料件消耗率发现料件质量问题
⑤从个人维修服务数据发现计算机维修工技能水平与业绩</td><td>（2）重点与难点：计算机服务质量与产品质量问题改进措施的制定方法</td><td></td></tr>
<tr><td rowspan="2">（7）成本控制与定价策略问题及改进</td><td>1）分析计算机维修服务报表，发现成本控制问题并制定改进措施
①计算机维修工技能或工作态度因素
②维修服务站点营运因素
③维修料件数据异常
④维修服务方案或流程不合理</td><td rowspan="2">（1）方法：讲授法、案例教学法
（2）重点与难点：分析计算机维修服务报表，发现定价策略问题并制定改进方案</td><td rowspan="2">6</td></tr>
<tr><td>2）分析计算机维修服务报表，发现定价策略问题并制定改进方案
①非厂商授权维修店对保外（收费）维修服务的影响
②通过翻新备件及使用合格兼容备件解决零配件价格高的问题，满足不同服务需求
③通过优化维修服务流程，降低维修服务人员费用
④其他优化维修服务价格的方法</td></tr>
</table>

续表

模块	课程	学习单元	课程内容	培训建议	课堂学时
4．数据分析与研究	4-2　问题分析与研究	（8）用户数据安全保障问题及改进措施	1）分析个人计算机维修服务报表，发现用户数据安全保障问题并制定改进措施 ①服务受理时个人计算机客户数据接触 ②个人计算机维修服务带硬盘操作 ③个人计算机硬盘检测、更换或故障硬盘处置过程中的用户数据安全保障问题 ④其他个人计算机维修服务单据及流程中存在的数据安全保障缺陷	（1）方法：讲授法、案例教学法 （2）重点：体现计算机维修服务用户数据安全状况的报表制定方法 （3）难点：分析服务器维修服务报表，发现用户数据安全保障问题并制定改进措施	3
			2）分析服务器维修服务报表，发现用户数据安全保障问题并制定改进措施 ①客户现场服务器服务受理或维修服务时主机及系统数据接触 ②为服务器客户添加、更换、检测或故障硬盘处置过程中的用户数据安全保障问题 ③服务器日志及其他维修服务数据单据（包括电子和纸质）的处置 ④其他服务器维修服务单据及流程中存在的数据安全保障缺陷		
		（9）软件测试工具的开发	1）批量测试用脚本方案的制作和验证方案 ①批量部署操作系统和应用 ②批量刷新计算机基本输入输出系统（BIOS）	（1）方法：讲授法、案例教学法 （2）重点：专用测试目的软件工具的验证	6

续表

模块	课程	学习单元	课程内容	培训建议	课堂学时
4．数据分析与研究	4–2　问题分析与研究	（9）软件测试工具的开发	③批量刷新计算机基板管理控制器（BMC） ④批量更改计算机设置	（3）难点：批量测试用脚本方案的制作和验证方案	
			2）专用测试目的软件工具的挑选和验证方案 ①测试目的确定 ②计算机维修数据的分析 ③软件工具的挑选 ④验证方案的制定		
		（10）计算机维修服务系统的开发	1）计算机维修服务系统开发需求确定 ①系统结构和要素 ②业务需求 ③开发需求文档的编制	（1）方法：讲授法、案例教学法 （2）重点与难点：计算机维修服务系统开发需求确定	6
			2）计算机维修服务系统测试和验收 ①测试和验收的方案和计划 ②分阶段中期测试 ③验收测试 ④上线和试运营监测		
		（11）更新或升级计算机维修服务系统	1）计算机维修服务系统更新或升级需求 ①系统自身技术问题 ②业务需求变更 ③系统自身或运行环境技术升级 ④其他更新或升级需求	（1）方法：讲授法、案例教学法 （2）重点：计算机维修服务系统更新或升级需求 （3）难点：更新或升级计算机维修服务系统	3
			2）更新或升级计算机维修服务系统 ①更新或升级时机和计划 ②测试和验收		
课堂学时合计					187

2.2.7 培训建议中培训方法说明

1．讲授法

讲授法指教师主要运用语言方式，系统地向学员传授知识，传播思想理念。即教师通过叙述、描绘、解释、推论来传递信息、传授知识、阐明概念、论证定律和公式，引导学员分析和认识问题。

2．实训（练习）法

实训（练习）法指学员在教师的指导下，巩固知识、运用知识、形成技能技巧的方法。

3．演示法

演示法指在教学过程中，教师通过示范操作和讲解使学员获得知识、技能的教学方法。教学中，教师对操作内容进行现场演示，边操作边讲解，强调操作的关键步骤和注意事项，使学员边学边做，理论与技能并重，师生互动，提高学员的学习兴趣和学习效率。

4．案例教学法

案例教学法指通过对案例进行分析，提出问题，分析问题，并找到解决问题的途径和手段，培养学员分析问题、独立处理问题的能力。

5．项目教学法

项目教学法指以实际应用为目的，将理论知识与实际工作相结合，通过师生共同完成完整的项目工作，使学员获得知识和实践操作能力与解决实际问题能力的教学方法。其实施以小组为学习单位，步骤一般分为确定项目任务、计划、决策、实施、检查和评价 6 个步骤。强调学员在学习过程中的主体地位，以学员为中心，以学员学习为主、教师指导为辅，通过完成教学项目，激发学员的学习积极性，使学员既获得相关理论知识，又掌握实践技能和工作方法，提高学员解决实际问题的综合能力。

6．观摩法

观摩法是指学员通过现场观摩、观看视频等形式，学习、获取知识、技能的一种教学方法。

2.3 考核规范

2.3.1 职业基本素质培训考核规范

考核范围	考核比重（%）	考核范围	考核比重（%）	考核单元
1．职业道德	20	1–1 职业道德基本知识	10	职业道德基本知识
		1–2 职业守则	10	计算机维修工职业守则
2．基础知识	80	2–1 电子电气基础知识	15	（1）电子电路知识
				（2）电气系统知识
				（3）电子元器件知识
		2–2 计算机基础知识	20	（1）计算机产品定义及发展简史
				（2）计算机组成和基本运行原理
				（3）计算机外围设备认知
				（4）计算机网络基础知识
		2–3 计算机结构件常识	5	计算机结构件常识
		2–4 计算机产品常见标识符号和性能参数	10	（1）电子电气符号和性能参数
				（2）计算机产品结构件及包装材料件的标识
				（3）计算机产品性能与功能的识别方法
		2–5 工具、仪器、仪表的基本使用方法	10	（1）结构件拆装工具的分类及使用方法
				（2）主要电子线路测试、维修设备的认知及使用方法
				（3）计算机维修中常用的软硬件测试工具

续表

考核范围	考核比重（%）	考核范围	考核比重（%）	考核单元
2．基础知识	80	2-6　安全生产知识	10	安全生产知识
		2-7　相关法律、法规知识	10	相关法律、法规知识

2.3.2　五级 / 初级职业技能培训理论知识考核规范

考核范围	考核比重（%）	考核内容	考核比重（%）	考核单元
1．服务的受理与交付	30	1-1　远程服务请求应对	5	（1）计算机产品用户的语音服务
				（2）产品手册和技术资料在客户服务受理时的应用
				（3）计算机维修服务政策解读
				（4）计算机维修服务流程
				（5）计算机驱动程序、固件和专用软件工具的安装方法
		1-2　维修服务受理	10	（1）接待服务区环境准备和服务设施设备状态确认
				（2）填写用户信息、机器信息、服务诉求信息
				（3）个人计算机故障现象的确认和记录
				（4）维修服务方案的告知和记录
				（5）客户服务接待区待修机的摆放
		1-3　维修服务完成与交付	10	（1）提取用户待取机
				（2）待取机验机
				（3）个人计算机维修服务费用收取与服务信息记录
		1-4　用户服务评价及应对措施	5	（1）获取用户服务评价
				（2）个人计算机用户常见投诉问题及处置方法
				（3）投诉问题的升级

续表

考核范围	考核比重（%）	考核内容	考核比重（%）	考核单元
2．修理与维护	40	2-1　计算机的安装与维护	10	（1）个人计算机主机放置和附件安装
				（2）个人计算机外设的连接和设置
				（3）个人计算机软件的初始化安装
				（4）指导用户实现个人计算机的各项功能
				（5）个人计算机外观清洁和日常维护保养
		2-2　故障定位	10	（1）防静电服装、工具和措施
				（2）检测工具、设备的准备和确认
				（3）个人计算机外部状态故障判断
				（4）用附件替换法判断个人计算机故障
				（5）维修单中检测信息的填写
		2-3　故障修复	10	（1）个人计算机附件替换修复
				（2）个人计算机操作系统和应用软件版本确认和升级
				（3）个人计算机修复机信息录入和摆放
		2-4　测试与验机	10	（1）个人计算机修复后的外观及软件完备性确认
				（2）修复后的个人计算机外观清洁
				（3）修复后的个人计算机功能测试
				（4）待交付个人计算机信息录入和摆放
3．物料及文件管理	30	3-1　工具管理	10	（1）用户接待区基础设备设施检查
				（2）计算机维修专用工具管理系统的应用
				（3）维修工作间工具存放

续表

考核范围	考核比重（%）	考核内容	考核比重（%）	考核单元
3．物料及文件管理	30	3–2　备件管理	10	（1）备件管理操作
				（2）计算机备件、附件及包装的环保处置规范
				（3）主机、附件可用性和适配性
		3–3　文件资料管理	10	（1）维修服务宣传资料与单据摆放
				（2）用户维修服务信息录入查询
				（3）计算机维修服务资料管理
				（4）用户数据资料处置和保存

2.3.3　五级 / 初级职业技能培训操作技能考核规范

考核范围	考核比重（%）	考核内容	考核比重（%）	考核形式	重要程度	选考方式	考核时间（分钟）
1．服务的受理与交付	20	1–1　远程服务请求应对	5	实操或笔试	X	必考	30
		1–2　维修服务受理	5	实操或笔试	X	必考	
		1–3　维修服务完成与交付	5	实操或笔试	X	必考	
		1–4　用户服务评价及应对措施	5	笔试	X	必考	
2．修理与维护	60	2–1　计算机的安装与维护	15	实操或笔试	X	必考	30
		2–2　故障定位	15	实操或笔试	X	必考	
		2–3　故障修复	15	实操	X	必考	
		2-4　测试与验机	15	实操或笔试	X	必考	

续表

考核范围	考核比重（%）	考核内容	考核比重（%）	考核形式	重要程度	选考方式	考核时间（分钟）
3．物料及文件管理	20	3-1 工具管理	5	实操或笔试	Y	必考	20
		3-2 备件管理	10	实操或笔试	Y	必考	
		3-3 文件资料管理	5	实操或笔试	X	必考	

说明：重要程度“X”表示核心要素，是鉴定中最重要、出现频率也最高的内容，具有必备性、典型性的特点。“Y”表示一般要素，是鉴定中一般重要的内容。“Z”表示辅助要素，是鉴定中重要程度较低的内容。下同。

2.3.4 四级／中级职业技能培训理论知识考核规范

考核范围	考核比重（%）	考核内容	考核比重（%）	考核单元
1．服务的受理与交付	30	1-1 远程服务请求应对	5	（1）存放、操作服务器
				（2）远程指导用户确认服务器状态
				（3）指导用户下载、安装、升级服务器的驱动程序、固件和专用软件工具
		1-2 维修服务受理	10	（1）准备服务器现场服务工具、技术资料和服务单据
				（2）报修服务器现场测试及故障现象记录
				（3）服务器的现场检测与维修方案沟通
				（4）故障服务器操作注意事项及相应安保措施
		1-3 维修服务完成与交付	10	（1）服务器修复后的检验方法
				（2）调取、核对已修复设备的电子信息
				（3）用户现场完成维修服务数据记录
		1-4 用户服务评价及应对措施	5	（1）在用户现场获取服务器维修服务评价
				（2）服务器维修服务远程回访
				（3）服务器用户常见投诉问题的应对方法
2．修理与维护	40	2-1 计算机的安装与维护	10	（1）服务器硬件的安装
				（2）Windows 服务器操作系统软件和驱动程序的初始安装与升级

续表

考核范围	考核比重（%）	考核内容	考核比重（%）	考核单元
2. 修理与维护	40	2-2 故障定位	10	（1）个人计算机专用测试软件的使用
				（2）命令行操作提取个人计算机日志及网络配置参数
				（3）个人计算机外部环境引起的故障检测
				（4）个人计算机 BIOS 常见故障判断
				（5）个人计算机系统和软件故障判断
				（6）个人计算机外壳及内部部件的拆装
				（7）个人计算机故障诊断卡的使用
				（8）配件替换法判断个人计算机故障
		2-3 故障修复	10	（1）个人计算机 BIOS 设置错误故障修复
				（2）个人计算机系统或软件问题故障修复
				（3）个人计算机外部环境引起的故障修复
				（4）个人计算机故障部件的确认和更换
				（5）个人计算机内部清洁除尘
		2-4 测试与验机	10	（1）修复后服务器的外观完备性确认
				（2）修复后服务器的外观清洁
				（3）服务器待交付机信息录入和摆放
3. 物料及文件管理	30	3-1 工具管理	10	（1）前往计算机用户现场开展维修服务的工具准备
				（2）维修工具及待修设备的摆放
		3-2 备件管理	10	（1）计算机备件抽检
				（2）计算机故障备件返还
				（3）备件故障率的分析与反馈
		3-3 文件资料管理	10	（1）服务器用户现场纸质维修服务技术资料的准备
				（2）服务器维修服务技术资料在线查询
				（3）单据的保存、交付和维修服务管理系统结单

2.3.5 四级 / 中级职业技能培训操作技能考核规范

考核范围	考核比重（%）	考核内容	考核比重（%）	考核形式	重要程度	选考方式	考核时间（分钟）
1．服务的受理与交付	30	1-1 远程服务请求应对	5	实操或笔试	X	必考	30
		1-2 维修服务受理	10	实操或笔试	X	必考	
		1-3 维修服务完成与交付	10	实操或笔试	X	必考	
		1-4 用户服务评价及应对措施	5	笔试	X	必考	
2．修理与维护	40	2-1 计算机的安装与维护	10	实操或笔试	X	必考	40
		2-2 故障定位	10	实操或笔试	X	必考	
		2-3 故障修复	10	实操	X	必考	
		2-4 测试与验机	10	实操或笔试	X	必考	
3．物料及文件管理	30	3-1 工具管理	10	实操或笔试	Y	必考	20
		3-2 备件管理	10	实操或笔试	Y	必考	
		3-3 文件资料管理	10	实操或笔试	X	必考	

2.3.6 三级 / 高级职业技能培训理论知识考核规范

考核范围	考核比重（%）	考核内容	考核比重（%）	考核单元
1．服务的受理与交付	20	1-1 远程服务请求应对	5	（1）解决五级 / 初级工、四级 / 中级工升级的用户服务请求和疑难问题
				（2）服务器备机服务与后续维修流程
				（3）故障排除前，远程指导服务器用户执行财产保障和数据安全措施

续表

考核范围	考核比重（%）	考核内容	考核比重（%）	考核单元
1．服务的受理与交付	20	1-2　维修服务受理	5	（1）服务器维修单据核验与后续服务
				（2）远程排查和处置网络设备引起的服务器信息传输故障
				（3）远程技术支持四级 / 中级工进行维修服务
		1-3　维修服务完成与交付	5	（1）辅助用户完成客户业务网络系统的安装与部署
				（2）网络中服务器访问权限的设置
				（3）服务器磁盘阵列、磁带库的安装
				（4）服务器 UPS（不间断电源）的安装与调试
		1-4　用户服务评价及应对措施	5	（1）处置计算机维修服务站点客户投诉事件
				（2）计算机维修服务站点的投诉事件统计与问题分析
2．修理与维护	45	2-1　计算机的安装与维护	10	（1）Windows 服务器环境操作系统批量部署和升级
				（2）Windows 服务器操作系统虚拟化
				（3）Windows 服务器日常维护
				（4）Windows 服务器数据备份和恢复
				（5）配置 Windows 服务器负载均衡集群、高可用集群及网络部署
				（6）按照网络配置文件完成 Windows 服务器常见服务和应用的安装与配置
		2-2　故障定位	15	（1）个人计算机部件上外观损坏器件的查验方法
				（2）使用仪器仪表定位个人计算机部件故障
				（3）使用部件替换法确定服务器、专用计算机的故障部件
				（4）使用配件替换法确定服务器、专用计算机的故障部件

续表

考核范围	考核比重（%）	考核内容	考核比重（%）	考核单元
2．修理与维护	45	2-3　故障修复	15	（1）Windows服务器常见操作系统软件及驱动程序问题的排除
				（2）服务器、特种计算机现场部件更换
				（3）磁盘阵列（RAID）常见故障分析处理
				（4）服务器典型故障现场修复
				（5）按照网络配置文件排除Windows服务器常见服务和应用问题
		2-4　测试与验机	5	（1）计算机整机终检环境搭建
				（2）计算机可修复备件终检及烤机环境搭建
				（3）计算机备件的终检、烤机和清洁
				（4）计算机备件批量检测团队组建
				（5）Windows服务器修复后的基本功能测试
3．物料及文件管理	15	3-1　工具管理	5	（1）计算机维修服务站点设备设施的安装与布置
				（2）计算机维修服务站点维修设备及工具的管理
		3-2　备件管理	5	（1）计算机零器件标识的识别方法与信息查询
				（2）计算机维修服务站点故障配件及包装材料的存放、返厂和环保处置管理
				（3）计算机维修服务站点备件储存和采购计划制订与实施
				（4）计算机特殊配件需求或质量问题升级

续表

考核范围	考核比重（%）	考核内容	考核比重（%）	考核单元
3．物料及文件管理	15	3–3　文件资料管理	5	（1）计算机维修服务站点文件资料的摆放和存储规划
				（2）纸质和电子维修服务单据的填写指导
				（3）计算机维修服务站点技术资料和文件使用权限的确定和监管
				（4）计算机维修服务站点维修服务数据及用户数据的日常监管
4．维修体系管理	10	4–1　维修服务网络建设和管理	5	（1）计算机维修服务站点建设方案的规划或改进
				（2）安排计算机维修服务站点工作人员岗位及管理维修服务运行流程
				（3）计算机维修服务信息系统部署
		4–2　培训与指导	5	（1）现场维修服务操作示范与指导
				（2）安全生产操作示范与指导
				（3）维修工具、仪器仪表使用技能指导
5．数据分析与研究	10	5–1　数据收集	5	（1）计算机维修服务站点定期收集单据制度
				（2）使用专用在线系统工具管理计算机维修服务站点各类单据
				（3）计算机维修服务站点常用报表的制作
		5–2　问题分析与研究	5	（1）升级计算机维修服务非常规问题
				（2）计算机技术测试及数据收集等辅助研究

2.3.7 三级 / 高级职业技能培训操作技能考核规范

考核范围	考核比重（%）	考核内容	考核比重（%）	考核形式	重要程度	选考方式	考核时间（分钟）
1. 服务的受理与交付	20	1-1 远程服务请求应对	5	实操或笔试	X	必考	20
		1-2 维修服务受理	5	实操或笔试	X	必考	
				实操或笔试	X	必考	
		1-3 维修服务完成与交付	5	实操或笔试	X	必考	
		1-4 用户服务评价及应对措施	5	笔试	X	必考	
2. 修理与维护	45	2-1 计算机的安装与维护	10	实操或笔试	X	必考	30
		2-2 故障定位	15	实操或笔试	X	必考	
		2-3 故障修复	15	实操	X	必考	
		2-4 测试与验机	5	实操或笔试	X	必考	
3. 物料及文件管理	15	3-1 工具管理	5	实操或笔试	Y	必考	15
		3-2 备件管理	5	实操或笔试	Y	必考	
		3-3 文件资料管理	5	实操或笔试	X	必考	
4. 维修体系管理	10	4-1 维修服务网络建设和管理	5	实操或笔试	X	必考	15
		4-2 培训与指导	5	实操或笔试	X	必考	
5. 数据分析与研究	10	5-1 数据收集	5	实操或笔试	X	必考	20
		5-2 问题分析与研究	5	实操或笔试	X	必考	

2.3.8 二级 / 技师职业技能培训理论知识考核规范

考核范围	考核比重（%）	考核内容	考核比重（%）	考核单元
1. 修理与维护	30	1-1 计算机的安装与维护	10	（1）Linux 服务器操作系统软件与驱动程序的安装及更新
				（2）Linux 服务器的日常维护

续表

考核范围	考核比重（%）	考核内容	考核比重（%）	考核单元
1. 修理与维护	30	1-1 计算机的安装与维护		（3）Linux 服务器操作系统应用常见软硬件配置
				（4）Linux 服务器操作系统虚拟化
				（5）Linux 服务器环境批量操作系统部署和升级
				（6）Linux 服务器数据备份和恢复
				（7）配置 Linux 服务器负载均衡集群、高可用集群及网络存储方案
				（8）按照网络配置文件实现 Linux 服务器常见服务和应用的安装与配置
		1-2 故障修复	15	（1）Linux 服务器操作系统软件及驱动程序问题的定位和排除
				（2）在用户现场使用配件热替换法修复专用服务器及特殊功能辅助设备
				（3）替换计算机电子电器部件上的电子元器件
				（4）在计算机元器件级维修翻新工厂批量修复故障配件和组件
				（5）按照网络配置文件排除 Linux 服务器常见服务和应用问题
		1-3 测试与验机	5	（1）计算机或其备件的烤机工作的管理
				（2）计算机元器件级维修翻新工厂终检管理
				（3）修复后的 Linux 服务器外观完备性确认
				（4）Linux 服务器修复后的功能测试

续表

考核范围	考核比重（%）	考核内容	考核比重（%）	考核单元
2．物料及文件管理	20	2-1　工具管理	5	（1）元器件级维修翻新工厂设备设施的安装与布置
				（2）维修设备及工具分级配备标准及管理规范
		2-2　备件管理	10	（1）计算机维修服务网络各级站点备件、备机采购和库存标准制定与实施
				（2）计算机维修服务突发事件应急处置方案
		2-3　文件资料管理	5	（1）各级站点维修服务相关文件资料管理办法
				（2）计算机维修服务站点三级／高级工及以下级别人员技术资料和文件使用权限规定
				（3）计算机维修服务站点三级／高级工及以下级别人员使用维修服务系统权限的规定
				（4）在线上传、更新计算机维修服务电子资料的操作流程和管理规范
3．维修体系管理	30	3-1　维修服务网络建设和管理	15	（1）各级维修服务站点的发展和认定
				（2）计算机维修服务站点拓展计划制订
				（3）计算机维修服务站点建设或改造方案的审批
				（4）维修服务信息系统账户与权限管理和在线维修服务系统的部署和应用监管
		3-2　培训与指导	15	（1）计算机维修技术培训和线上自学监管和指导
				（2）政策、法律法规培训
				（3）投诉、纠纷处理案例培训
				（4）保密制度和保密安全流程培训

续表

考核范围	考核比重（%）	考核内容	考核比重（%）	考核单元
4．数据分析与研究	20	4-1　数据收集	10	（1）各类单据的定期收集和分类整理
				（2）使用计算机维修服务信息管理系统管理服务网络的电子单据
				（3）计算机维修服务网络维修数据报表的制作
		4-2　问题分析与研究	10	（1）组织搭建新开发计算机维修维护方案的测试验证环境
				（2）新开发维修维护方案的测试和报告
				（3）新开发软件测试工具的验证

2.3.9　二级 / 技师职业技能培训操作技能考核规范

考核范围	考核比重（%）	考核内容	考核比重（%）	考核形式	重要程度	选考方式	考核时间（分钟）
1．修理与维护	30	1-1　计算机的安装与维护	5	实操或笔试	X	必考	60
		1-2　故障修复	15	实操	X	必考	
		1-3　测试与验机	5	实操或笔试	X	必考	
2．物料及文件管理	20	2-1　工具管理	5	实操或笔试	X	必考	20
		2-2　备件管理	10	实操或笔试	X	必考	
		2-3　文件资料管理	5	实操或笔试	X	必考	
3．维修体系管理	30	3-1　维修服务网络建设和管理	15	实操或笔试	X	必考	20
		3-2　培训与指导	15	实操或笔试	X	必考	
4．数据分析与研究	20	4-1　数据收集	10	实操或笔试	X	必考	20
		4-2　问题分析与研究	10	实操或笔试	X	必考	

2.3.10 一级 / 高级技师职业技能培训理论知识考核规范

考核范围	考核比重（%）	考核内容	考核比重（%）	考核单元
1．修理与维护	20	1-1 计算机的维护和保养	5	（1）UNIX 和类 UNIX 服务器操作系统软件与驱动程序的安装及更新
				（2）UNIX 和类 UNIX 服务器操作系统应用常见软硬件配置
				（3）UNIX 和类 UNIX 服务器日常维护
				（4）UNIX 和类 UNIX 服务器环境批量操作系统的部署和升级
				（5）UNIX 和类 UNIX 服务器数据备份和恢复
				（6）配置 UNIX 和类 UNIX 服务器负载均衡集群、高可用集群及网络部署
				（7）UNIX 和类 UNIX 服务器常见服务和应用的安装与配置
		1-2 故障修复	10	（1）UNIX 和类 UNIX 服务器操作系统软件及驱动程序常见问题的排除
				（2）计算机疑难故障的处理
				（3）零器件修复和翻新的操作方法、流程制定及监督指导
				（4）按照网络配置文件排除 UNIX 和类 UNIX 服务器常见服务和应用问题
		1-3 测试与验机	5	（1）修复的 UNIX 和类 UNIX 服务器完备性确认
				（2）UNIX 和类 UNIX 服务器主机修复后的功能测试
				（3）计算机产品及相关部件的可靠性验证（烤机测试）方案的制定
				（4）计算机元器件级维修翻新备件质量标准及入库前终检方案的制定和管理方法

续表

考核范围	考核比重（%）	考核内容	考核比重（%）	考核单元
2．物料及文件管理	20	2-1　工具管理	5	（1）计算机维修服务场所基础设备设施标准和管理规范的制定方法
				（2）计算机维修服务工具管理规范的制定方法
				（3）参与计算机维修服务工具管理系统的开发和升级
		2-2　备件管理	5	（1）备机、备件管理制度的制定
				（2）计算机维修服务各级站点及元器件级维修翻新工厂管理制度的制定与修订
				（3）计算机备件管理系统的开发和升级
		2-3　文件资料管理	10	（1）计算机维修服务相关文件的制定和修订
				（2）计算机维修服务单据及使用规范的制定和修订
				（3）计算机维修服务电子资料、单据、数据使用规范的制定和修订
				（4）计算机维修服务管理信息系统的开发和升级
3．维修体系管理	30	3-1　维修服务网络建设和管理	15	（1）计算机维修服务网络和站点的拓展策略的制定
				（2）计算机维修服务网络和站点运营指标制定和修订
		3-2　培训与指导	15	（1）计算机维修技术人员培训计划的制订与实施管理
				（2）计算机维修技术培训资料的选定和编写
				（3）计算机维修技术服务培训场地设立规范
				（4）计算机维修技术在线培训学习系统或专用 App 需求手册编制

续表

考核范围	考核比重（%）	考核内容	考核比重（%）	考核单元
4．数据分析与研究	30	4-1　数据收集	15	（1）计算机维修服务各类统计报表设计
				（2）报表收集机制建立
				（3）将人工电话与大数据技术相结合进行服务数据收集及分析
				（4）突发技术事件的数据收集
		4-2　问题分析与研究	15	（1）非常见故障的检查方法和故障定位流程编制方法
				（2）计算机故障配件批量故障定位及零器件级维修方案的制定方法
				（3）改进计算机维修维护流程和方法
				（4）计算机维修服务操作环境的设计与改善
				（5）计算机维修服务与用户应对方案
				（6）服务及产品质量数据分析及改进
				（7）成本控制与定价策略问题及改进
				（8）用户数据安全保障问题及改进措施
				（9）软件测试工具的开发
				（10）计算机维修服务系统的开发
				（11）更新或升级计算机维修服务系统

2.3.11 一级 / 高级技师职业技能培训操作技能考核规范

<table>
<tr><th>考核范围</th><th>考核比重（%）</th><th>考核内容</th><th>考核比重（%）</th><th>考核形式</th><th>重要程度</th><th>选考方式</th><th>考核时间（分钟）</th></tr>
<tr><td rowspan="3">1．修理与维护</td><td rowspan="3">20</td><td>1–1 计算机的维护和保养</td><td>5</td><td>实操或笔试</td><td>X</td><td>必考</td><td rowspan="3">60</td></tr>
<tr><td>1–2 故障修复</td><td>10</td><td>实操</td><td>X</td><td>必考</td></tr>
<tr><td>1–3 测试与验机</td><td>5</td><td>实操或笔试</td><td>X</td><td>必考</td></tr>
<tr><td rowspan="3">2．物料及文件管理</td><td rowspan="3">20</td><td>2–1 工具管理</td><td>5</td><td>实操或笔试</td><td>X</td><td>必考</td><td rowspan="3">20</td></tr>
<tr><td>2–2 备件管理</td><td>5</td><td>实操或笔试</td><td>X</td><td>必考</td></tr>
<tr><td>2–3 文件资料管理</td><td>10</td><td>实操或笔试</td><td>X</td><td>必考</td></tr>
<tr><td rowspan="2">3．维修体系管理</td><td rowspan="2">30</td><td>3–1 维修服务网络建设和管理</td><td>15</td><td>实操或笔试</td><td>X</td><td>必考</td><td rowspan="2">20</td></tr>
<tr><td>3–2 培训与指导</td><td>15</td><td>实操或笔试</td><td>X</td><td>必考</td></tr>
<tr><td rowspan="2">4．数据分析与研究</td><td rowspan="2">30</td><td>4–1 数据收集</td><td>15</td><td>实操或笔试</td><td>X</td><td>必考</td><td rowspan="2">20</td></tr>
<tr><td>4–2 问题分析与研究</td><td>15</td><td>实操或笔试</td><td>X</td><td>必考</td></tr>
</table>

附录

培训要求与课程规范对照表

附录 1　职业基本素质培训要求与课程规范对照表

2.1.1　职业基本素质培训要求			2.2.1　职业基本素质培训课程规范			
职业基本素质模块（模块）	培训内容（课程）	培训细目	学习单元	课程内容	培训建议	课堂学时
1．职业道德	1-1　职业道德基本知识	（1）道德与职业道德的基本规范 （2）计算机维修工作中的职业道德具体表现	职业道德基本知识	1）道德与职业道德的基本规范	（1）方法：讲授法、案例教学法 （2）重点与难点：职业道德在计算机维修工作中的具体表现	1
				2）职业道德在计算机维修工作中的具体表现		
	1-2　职业守则	计算机维修工职业守则	计算机维修工职业守则	1）爱岗敬业，遵纪守法	（1）方法：讲授法、案例教学法 （2）重点与难点：计算机维修工职业守则相关案例分析	1
				2）诚实守信，品行端正		
				3）礼貌热情，尊重客户		
				4）认真严谨，忠于职守		
				5）勤奋好学，谦虚诚恳		
				6）钻研业务，积极进取		
				7）计算机维修工职业守则相关案例分析		
2．基础知识	2-1　电子电气基础知识	（1）电子电路知识 （2）电气系统知识 （3）电子元器件知识	（1）电子电路知识	1）模拟电路基本功能及应用	（1）方法：讲授法 （2）重点与难点：模拟电路、数字电路基本功能及应用	2
				2）数字电路基本功能及应用		
			（2）电气系统知识	1）电气系统的基本概念	（1）方法：讲授法、演示法 （2）重点与难点：低压配电系统在计算机系统中的应用	2
				2）低压配电系统在计算机系统中的应用		
			（3）电子元器件知识	1）电子电器产品的零配件常识	（1）方法：讲授法、演示法 （2）重点：电子电器产品的零配件常识 （3）难点：数字集成电路元器件分类及用途	2
				2）常见模拟元器件分类及用途		
				3）数字集成电路元器件分类及用途		
	2-2　计算机基础知识	（1）计算机产品定义及发展简史 （2）计算机组成和基本运行原理	（1）计算机产品定义及发展简史	1）计算机产品定义及分类	（1）方法：讲授法、演示法	2

续表

2.1.1 职业基本素质培训要求			2.2.1 职业基本素质培训课程规范			
职业基本素质模块（模块）	培训内容（课程）	培训细目	学习单元	课程内容	培训建议	课堂学时
2．基础知识	2-2 计算机基础知识	（3）计算机外围设备认知 （4）计算机网络基础知识	（1）计算机产品定义及发展简史	2）计算机主要品牌和制造商	（2）重点与难点：计算机产品定义及分类	
				3）计算机发展史与未来		
			（2）计算机组成和基本运行原理	1）计算机硬件系统构成与主要部件认知	（1）方法：讲授法、演示法、案例教学法 （2）重点：计算机硬件系统主要部件认知、常用系统软件与应用软件认知 （3）难点：计算机基本运行原理	3
				2）计算机软件系统架构、常用系统软件与应用软件认知		
				3）计算机基本运行原理		
			（3）计算机外围设备认知	1）计算机外围设备的定义及常见产品类型	（1）方法：讲授法、演示法 （2）重点：计算机外围设备的定义 （3）难点：计算机和外围设备的主要连接方案及基本使用方法	3
				2）计算机和外围设备的主要连接方案及基本使用方法		
			（4）计算机网络基础知识	1）计算机网络定义和发展史	（1）方法：讲授法 （2）重点：计算机网络系统架构的常见类别 （3）难点：计算机网络机房设备、设施的基本常识	4
				2）计算机网络系统架构的常见类别		
				3）计算机网络机房设备、设施的基本常识		
				4）计算机网络连接媒介和综合布线常识		
	2-3 计算机结构件常识	（1）计算机外观结构件主要类别 （2）计算机内部结构件主要类别	计算机结构件常识	1）计算机外观结构件主要类别	（1）方法：讲授法、演示法 （2）重点与难点：计算机结构件主要类别	2
				2）计算机内部结构件主要类别		
	2-4 计算机产品常见标识符号和性能参数	（1）电子电气符号和性能参数 （2）计算机产品结构件及包装材料件的标识	（1）电子电气符号和性能参数	1）常用电子电气符号	（1）方法：讲授法、演示法 （2）重点：常用电子电气符号	2

续表

2.1.1 职业基本素质培训要求			2.2.1 职业基本素质培训课程规范			
职业基本素质模块（模块）	培训内容（课程）	培训细目	学习单元	课程内容	培训建议	课堂学时
2. 基础知识	2–4 计算机产品常见标识符号和性能参数	（3）计算机产品标签铭牌及产品手册包含的产品性能和功能识别	（1）电子电气符号和性能参数	2）标准电子电气性能参数	（3）难点：标准电子电气性能参数	
			（2）计算机产品结构件及包装材料件的标识	1）产品结构件标识识别 ①材质 ②机械性能 ③拆装要求 ④废弃环保要求	（1）方法：讲授法、演示法 （2）重点与难点：产品结构件标识识别	1
				2）包装材料件标识识别 ①材质 ②摆放要求 ③运输要求 ④储存要求 ⑤拆装要求 ⑥废弃环保要求		
			（3）计算机产品性能与功能的识别方法	1）计算机机身铭牌及产品包装标签的识读	（1）方法：讲授法、演示法 （2）重点：计算机机身铭牌及产品包装标签的识读 （3）难点：使用用户手册及相应技术资料查询计算机产品操作方法及性能参数	1
				2）使用用户手册及相应技术资料查询计算机产品操作方法及性能参数		
	2–5 工具、仪器、仪表的基本使用方法	（1）结构件拆装工具的分类及使用方法 （2）电子线路测量仪器、仪表和拆装工具的分类与用途	（1）结构件拆装工具的分类及使用方法	1）手动旋具常见规格和使用方法	（1）方法：讲授法、演示法 （2）重点：手动旋具使用方法 （3）难点：手动旋具和电动旋具操作中的注意事项	2
				2）电动旋具使用方法		
				3）其他拆装工具及工作台		
			（2）主要电子线路测试、维修设备的认知及使用方法	1）万用表基本原理和使用方法	（1）方法：讲授法、演示法、案例教学法 （2）重点：万用表基本原理和使用方法	4

续表

2.1.1 职业基本素质培训要求			2.2.1 职业基本素质培训课程规范			
职业基本素质模块（模块）	培训内容（课程）	培训细目	学习单元	课程内容	培训建议	课堂学时
2．基础知识	2-5 工具、仪器、仪表的基本使用方法	（3）计算机维修中常用的软硬件测试工具	（2）主要电子线路测试、维修设备的认知及使用方法	2）示波器的基本原理和操作方法	（3）难点：示波器、逻辑分析仪、焊接工具及设备的使用方法	
				3）逻辑分析仪的基本原理和操作方法		
				4）电子线路焊接工具及设备分类和使用方法		
				5）焊接辅料 ①种类 ②使用方法 ③储存运输方法 ④废弃环保要求		
			（3）计算机维修中常用的软硬件测试工具	1）计算机专用故障诊断卡的使用方法	（1）方法：讲授法、演示法、案例教学法 （2）重点：计算机专用故障诊断卡的使用方法 （3）难点：稳定性测试（烤机）环境搭建及应用方法	4
				2）计算机整机及配件常用测试软件的认知		
				3）计算机产品专用网络性能测试工具的使用		
				4）稳定性测试（业内通常称为“烤机”）环境搭建及应用方法		
	2-6 安全生产知识	安全生产知识	安全生产知识	1）计算机维修工安全操作常识	（1）方法：讲授法、案例教学法 （2）重点与难点：安全用电、防静电、安全保密知识	3
				2）安全用电、防电磁辐射常识		
				3）防火防爆知识		
				4）防静电知识		
				5）相关有毒有害物质预防知识		
				6）安全保密知识		
				7）部分国家和地区用电规范		
	2-7 相关法律、法规知识	相关法律、法规知识	相关法律、法规知识	1）《中华人民共和国民法典》相关知识	（1）方法：讲授法、案例教学法	1
				2）《中华人民共和国劳动法》相关知识		
				3）《中华人民共和国劳动合同法》相关知识		

续表

2.1.1 职业基本素质培训要求			2.2.1 职业基本素质培训课程规范			
职业基本素质模块（模块）	培训内容（课程）	培训细目	学习单元	课程内容	培训建议	课堂学时
2．基础知识	2-7 相关法律、法规知识	相关法律、法规知识	相关法律、法规知识	4）《中华人民共和国消费者权益保护法》相关知识	（2）重点与难点：劳动关系、产品质量、服务质量、安全保密、生产安全、环保等相关条款	
				5）《中华人民共和国产品质量法》相关知识		
				6）《中华人民共和国保守国家秘密法》相关知识		
				7）《中华人民共和国网络安全法》相关知识		
				8）《中华人民共和国密码法》相关知识		
				9）《中华人民共和国知识产权法》相关知识		
				10）《中华人民共和国安全生产法》相关知识		
				11）《中华人民共和国环境保护法》相关知识		
				12）《中华人民共和国广告法》相关知识		
				13）《中华人民共和国数据安全法》相关知识		
				14）《中华人民共和国个人信息保护法》相关知识		
				15）《计算机信息网络国际联网安全保护管理办法》相关知识		
课堂学时合计						40

附录 2 五级 / 初级职业技能培训要求与课程规范对照表

2.1.2 五级 / 初级职业技能培训要求				2.2.2 五级 / 初级职业技能培训课程规范			
职业功能模块（模块）	培训内容（课程）	技能目标	培训细目	学习单元	课程内容	培训建议	课堂学时
1．服务的受理与交付	1-1 远程服务请求应对	1-1-1 能使用普通话及计算机专业术语与用户进行语音沟通	（1）语音客户服务中计算机专业术语的应用	（1）计算机产品用户的语音服务	1）客户服务电话业务 ①定义 ②发展史 ③基本运作模式	（1）方法：讲授法、演示法、讨论法、案例教学法	3

续表

2.1.2 五级 / 初级职业技能培训要求				2.2.2 五级 / 初级职业技能培训课程规范			
职业功能模块（模块）	培训内容（课程）	技能目标	培训细目	学习单元	课程内容	培训建议	课堂学时
1．服务的受理与交付	1-1 远程服务请求应对	1-1-1 能使用普通话及计算机专业术语与用户进行语音沟通	（2）与计算机产品用户的语音沟通	（1）计算机产品用户的语音服务	2）常用计算机产品专业术语 ①中文专业术语 ②英文专业术语（含简称）	（2）重点：常用计算机产品专业术语 （3）难点：与计算机产品用户的语音沟通	
					3）与计算机产品用户的语音沟通 ①电子信息服务行业服务接待规范用语 ②常见沟通问题与应对技巧		
		1-1-2 能根据产品手册和厂商技术资料指导用户存放、操作和维护个人计算机	（1）计算机产品手册和技术资料的认知 （2）用户使用和存放个人计算机产品的指导	（2）产品手册和技术资料在客户服务受理时的应用	1）常规计算机产品手册和技术资料 ①用户手册（使用说明书） ②安全手册 ③知识产权说明文件 ④客户服务手册或指南 ⑤维修维护手册 ⑥配件手册或目录 ⑦技术更新或升级手册 ⑧其他技术资料和文件	（1）方法：讲授法、演示法、讨论法 （2）重点与难点：查阅计算机产品手册和厂商技术资料的方法	3
					2）查阅计算机产品手册和厂商技术资料的方法		
					3）指导客户利用用户手册（使用说明书）解决个人计算机存放、操作和维护问题		
		1-1-3 能为用户讲解计算机维修服务政策	（1）计算机维修服务政策认知	（3）计算机维修服务政策解读	1）计算机维修服务政策的主要内容 ①产品的送货安装服务 ②保修政策 ③产品维护与保养政策	（1）方法：讲授法、演示法、讨论法、案例教学法	3

续表

2.1.2 五级 / 初级职业技能培训要求				2.2.2 五级 / 初级职业技能培训课程规范			
职业功能模块（模块）	培训内容（课程）	技能目标	培训细目	学习单元	课程内容	培训建议	课堂学时
1．服务的受理与交付	1-1 远程服务请求应对	1-1-3 能为用户讲解计算机维修服务政策	（2）常见计算机产品维修服务政策问题解答	（3）计算机维修服务政策解读	④维修及售后相关服务的收费政策 ⑤产品的回收与环保政策 ⑥其他相关服务政策	（2）重点与难点：计算机维修服务政策的主要内容，常见计算机产品维修服务政策问题解答	
					2）计算机产品维修服务政策查询方法 ①新产品的随机文件 ②产品制造商或销售商官网及其他官方在线平台 ③客户服务热线		
					3）常见计算机产品维修服务政策问题解答 ①上门服务问题 ②保修范围及保修期内服务收费问题 ③到货即损的处置方法 ④服务及配件费用公示及收取争议 ⑤产品兼容性引起的服务政策争议		
		1-1-4 能根据用户服务诉求引导用户进行后续服务流程	计算机维修服务流程的实施	（4）计算机维修服务流程	1）维修服务请求（报修） ①电话报修 ②在线服务请求 ③到店服务	（1）方法：讲授法、演示法、讨论法 （2）重点：维修服务的受理与交付方法	5
					2）维修服务受理 ①厂商维修服务站点受理 ②客户使用现场受理 ③电话或在线受理与处置		

续表

2.1.2 五级 / 初级职业技能培训要求				2.2.2 五级 / 初级职业技能培训课程规范			
职业功能模块（模块）	培训内容（课程）	技能目标	培训细目	学习单元	课程内容	培训建议	课堂学时
1. 服务的受理与交付	1-1 远程服务请求应对	1-1-4 能根据用户服务诉求引导用户进行后续服务流程	计算机维修服务流程的实施	（4）计算机维修服务流程	3）维修服务实施 ①厂商维修服务站点服务 ②客户使用现场服务实施 ③电话或在线支持服务	（3）难点：维修服务实施	
					4）服务交付 ①验机与交付 ②服务费用收取		
					5）客户服务满意度跟踪和评价		
		1-1-5 能根据技术资料指导用户下载、安装、升级个人计算机的驱动程序、固件和专用软件工具	（1）计算机驱动程序的下载（获取）、安装、升级方法 （2）固件和专用软件工具的下载（获取）、安装、升级方法	（5）计算机驱动程序、固件和专用软件工具的安装方法	1）安装计算机驱动程序 ①下载和其他获取方法 ②安装和配置 ③升级方法	（1）方法：讲授法、演示法、讨论法、案例教学法 （2）重点与难点：计算机驱动程序与固件的获取及安装方法	2
					2）安装计算机固件和专用软件工具 ①固件和专用软件工具的使用政策 ②下载和其他获取方法 ③安装和配置 ④升级方法		
	1-2 维修服务受理	1-2-1 能按规定准备好接待服务区环境，并确认服务设施设备状态	（1）客户接待服务区环境的准备 （2）服务设施设备状态的确认	（1）接待服务区环境准备和服务设施设备状态确认	1）计算机维修服务站点客户接待服务区环境的准备	（1）方法：讲授法、案例教学法 （2）重点与难点：确认服务设施设备状态	2
					2）确认服务设施设备状态 ①测试机及其他测试工具 ②电源供电系统 ③网络设施设备 ④信息登记用计算机 ⑤其他设施设备		

续表

2.1.2 五级 / 初级职业技能培训要求				2.2.2 五级 / 初级职业技能培训课程规范			
职业功能模块（模块）	培训内容（课程）	技能目标	培训细目	学习单元	课程内容	培训建议	课堂学时
1. 服务的受理与交付	1–2 维修服务受理	1–2–2 能引导用户在维修服务单据、专用维修服务系统或移动端 App 填写用户信息、机器信息、服务诉求信息等	(1) 用户信息、机器信息、服务诉求信息等的认知 (2) 维修服务单据、专用维修服务系统或移动端 App 的信息填写方法	(2) 填写用户信息、机器信息、服务诉求信息	1) 维修服务单据的信息填写 ①用户信息 ②机器信息 ③服务诉求信息 2) 专用维修服务系统的信息填写 ①用户信息 ②机器信息 ③服务诉求信息	(1) 方法：讲授法、案例教学法 (2) 重点与难点：专用维修服务系统的信息填写	2
		1–2–3 能根据用户描述的故障现象对报修的个人计算机进行测试，并在维修服务单据上记录故障现象	(1) 个人计算机故障现象确认 (2) 在维修服务单据上记录故障现象	(3) 个人计算机故障现象的确认和记录	1) 个人计算机故障再现测试 ①故障现象描述与沟通 ②故障再现与测试方法 2) 故障现象记录	(1) 方法：讲授法、案例教学法 (2) 重点与难点：个人计算机故障再现测试	2
		1–2–4 能根据相关服务规定告知用户维修服务方案并做好记录	(1) 维修服务方案主要内容的认知 (2) 正确告知用户并记录维修服务方案	(4) 维修服务方案的告知和记录	1) 维修服务方案的告知 ①措施 ②时效 ③费用预估 ④计划措施 2) 维修服务方案的记录	(1) 方法：讲授法、案例教学法 (2) 重点与难点：维修服务方案的告知	2
		1–2–5 能按要求将待修机摆放在待修区指定位置	(1) 客户服务接待区待修机摆放要求的认知 (2) 在客户服务接待区摆放客户待修机	(5) 客户服务接待区待修机的摆放	1) 待修机的摆放要求 2) 待修机的正确摆放 ①机器的位置 ②相应的服务单据摆放 ③待修机的相关标记	(1) 方法：讲授法、案例教学法 (2) 重点与难点：待修机的摆放要求	2
	1–3 维修服务完成与交付	1–3–1 能根据用户取机单或电子信息按流程提取用户待取机	(1) 用户取机规定和流程的认知 (2) 提取用户待取机	(1) 提取用户待取机	1) 用户取机的规定和流程 ①取机规定 ②取机流程 2) 用户待取机的提取方法 ①纸质取机单 ①电子取机单	(1) 方法：讲授法、案例教学法 (2) 重点与难点：用户取机的规定和流程	2

续表

2.1.2　五级 / 初级职业技能培训要求				2.2.2　五级 / 初级职业技能培训课程规范			
职业功能模块（模块）	培训内容（课程）	技能目标	培训细目	学习单元	课程内容	培训建议	课堂学时
1．服务的受理与交付	1-3　维修服务完成与交付	1-3-2　能按流程与用户面对面核对待取机信息，并完成验机	（1）待取机信息核对规定与流程的认知 （2）待取机验机	（2）待取机验机	1）待取机信息核对 ①单据信息与待取机信息核对 ②软硬件配置核对 ③维修服务信息执行核对 2）待取机验机操作 ①修复机验机 ②未修复机交付 3）客户取机过程的沟通技巧	（1）方法：讲授法、案例教学法 （2）重点与难点：待取机验机操作	2
		1-3-3　能按规定收取费用，并完成服务信息记录	（1）维修服务费用项目解读及执行 （2）完善个人计算机维修服务信息记录	（3）个人计算机维修服务费用收取与服务信息记录	1）个人计算机维修服务费用项目及收费标准 2）个人计算机维修服务信息记录 ①费用确认 ②其他信息	（1）方法：讲授法、案例教学法 （2）重点：个人计算机维修服务费用项目及收费标准	2
	1-4　用户服务评价及应对措施	1-4-1　能按规定和流程获取用户服务评价	（1）制定服务评价方案 （2）获取用户服务评价的实施方法	（1）获取用户服务评价	1）制定服务评价方案 ①服务评价信息 ②服务评价规范 2）获取用户服务评价的实施方法 ①按服务评价流程和规范实施 ②获取服务评价过程中的注意事项和技巧	（1）方法：讲授法、案例教学法 （2）重点与难点：获取用户服务评价的实施方法	2
		1-4-2　能根据技术资料回答个人计算机用户的常见投诉问题	（1）个人计算机投诉问题技术资料的认知	（2）个人计算机用户常见投诉问题及处置方法	1）处置个人计算机用户常见投诉问题的技术资料 ①用户手册或使用手册相关内容 ②相关法律法规条款或相关内容 ③厂商官方应对或处置文件 ④其他投诉问题技术资料	（1）方法：讲授法、案例教学法	2

续表

2.1.2 五级 / 初级职业技能培训要求				2.2.2 五级 / 初级职业技能培训课程规范			
职业功能模块（模块）	培训内容（课程）	技能目标	培训细目	学习单元	课程内容	培训建议	课堂学时
1．服务的受理与交付	1-4 用户服务评价及应对措施	1-4-2 能根据技术资料回答个人计算机用户的常见投诉问题	（2）处置个人计算机用户常见投诉问题	（2）个人计算机用户常见投诉问题及处置方法	2）处置个人计算机用户常见投诉问题 ①产品质量和技术相关常见投诉问题及处置方法 ②服务类常见投诉问题及处置方法 ③其他投诉问题及处置方法	（2）重点与难点：处置个人计算机用户常见投诉问题	
		1-4-3 能按照问题升级流程上报用户投诉事件	（1）认知投诉问题升级制度 （2）根据问题升级制度上报用户投诉事件	（3）投诉问题的升级	1）投诉问题升级制度 ①问题升级制度的意义 ②问题升级基本流程	（1）方法：讲授法、案例教学法 （2）重点与难点：根据问题升级制度上报用户投诉事件	2
					2）根据问题升级制度上报用户投诉事件 ①需要实施问题升级的典型用户投诉类型 ②用户安抚及沟通技巧 ③升级报告编写方法		
2．修理与维护	2-1 计算机的安装与维护	2-1-1 能根据技术资料放置个人计算机主机并安装附件（如显示器、键盘和鼠标等）	（1）个人计算机主机放置和附件安装相关资料的认知 （2）个人计算机主机放置和附件安装操作	（1）个人计算机主机放置和附件安装	1）个人计算机主机放置和附件安装相关资料的认知 ①主机制造商的相关资料 ②第三方附件制造商的相关资料 ③厂商发布的其他官方安装资料	（1）方法：讲授法、演示法 （2）重点：个人计算机主机放置和附件安装	2
					2）个人计算机主机放置和附件安装 ①电源线 / 电源适配器 / 网线等 ②显示器 ③键盘、鼠标 ④电池		

续表

2.1.2 五级 / 初级职业技能培训要求				2.2.2 五级 / 初级职业技能培训课程规范			
职业功能模块（模块）	培训内容（课程）	技能目标	培训细目	学习单元	课程内容	培训建议	课堂学时
2. 修理与维护	2–1 计算机的安装与维护	2–1–2 能根据技术资料通过 USB 数据线、HDMI 线、VGA 线等线缆将个人计算机主机与常规设备（如打印机、音视频设备等）进行有线连接，并在开机后执行相关设置	（1）投影机、大屏等专用显示设备的连接和设置 （2）打印设备的连接和设置 （3）音频设备的连接和设置 （4）其他设备的连接和设置	（2）个人计算机外设的连接和设置	1）投影机、大屏等专用显示设备的连接和设置 ①有线连接 ②无线连接 2）打印设备的连接和设置 ①有线连接 ②无线连接 3）音频设备的连接和设置 ①有线连接 ②无线连接 4）其他设备的连接和设置 ①有线连接 ②无线连接	（1）方法：讲授法、演示法、案例教学法 （2）重点与难点：专用显示设备的连接和设置，打印设备的连接和设置	2
		2–1–3 能使用设备厂商提供的光盘、储存卡等驱动安装介质，或通过官方网站下载的驱动程序或专用应用程序进行计算机软件程序的安装	（1）个人计算机软件安装方式的确定 （2）个人计算机软件的初始化安装	（3）个人计算机软件的初始化安装	1）个人计算机软件安装方式 ①附带存储介质 ②官方网站下载 ③其他方式 2）个人计算机软件的初始化安装 ① BIOS 初始化设置 ②操作系统初始化配置 ③软件版本确认 ④厂商附带软件初始化安装	（1）方法：讲授法、演示法 （2）重点与难点：个人计算机软件的初始化安装	1
		2–1–4 能指导用户实现个人计算机的各项功能	（1）实现个人计算机各项功能相关资料的认知	（4）指导用户实现个人计算机的各项功能	1）实现个人计算机各项功能所需技术支持资料 ①主机制造商的用户（操作）手册等资料 ②第三方软件提供及附件制造商的相关资料 ③厂商发布的其他官方资料	（1）方法：讲授法、演示法	2

续表

2.1.2 五级 / 初级职业技能培训要求				2.2.2 五级 / 初级职业技能培训课程规范			
职业功能模块（模块）	培训内容（课程）	技能目标	培训细目	学习单元	课程内容	培训建议	课堂学时
2．修理与维护	2-1 计算机的安装与维护	2-1-4 能指导用户实现个人计算机的各项功能	（2）个人计算机基本功能实现的用户指导	（4）指导用户实现个人计算机的各项功能	2）个人计算机基本功能实现的用户指导 ①上网操作 ②文字编辑 ③图形图像处理 ④即时通信 ⑤打印操作 ⑥收发邮件 ⑦其他操作	（2）重点与难点：个人计算机基本功能实现的用户指导	
		2-1-5 能按规定对个人计算机外观、显示器、键盘、鼠标、电源及光驱等进行日常维护保养	（1）个人计算机外观及部件状态确认 （2）个人计算机用户级别的外观清洁和日常保养	（5）个人计算机外观清洁和日常维护保养	1）个人计算机外观及部件状态确认 2）个人计算机用户级别的外观清洁和日常保养 ①外观清洁 ②显示器日常保养 ③键盘、鼠标日常保养 ④电源日常保养 ⑤光驱日常保养	（1）方法：讲授法、演示法 （2）重点与难点：个人计算机用户级别的日常保养	2
	2-2 故障定位	2-2-1 能正确穿戴防静电服、防静电手环或采取防静电措施	（1）防静电服装的穿戴 （2）防静电工具的使用 （3）维修服务过程中的防静电操作规范	（1）防静电服装、工具和措施	1）防静电服装的穿戴 ①防静电服 ②防静电鞋 ③防静电手套 ④其他 2）防静电工具的使用 ①防静电手环 ②静电释放器 ③其他 3）防静电操作规范	（1）方法：讲授法、演示法 （2）重点与难点：防静电操作规范	1
		2-2-2 能准备检测工具与设备，并确认其工作状态正常	（1）计算机维修检测工具、设备的准备	（2）检测工具、设备的准备和确认	1）检测工具、设备准备 ①计算机检测环境搭建资料的认知 ②计算机检测软件工具的认知 ③计算机检测设备和个人工具的认知 ④计算机检测所需备机和备件的准备	（1）方法：讲授法、演示法	1

续表

2.1.2 五级 / 初级职业技能培训要求				2.2.2 五级 / 初级职业技能培训课程规范			
职业功能模块（模块）	培训内容（课程）	技能目标	培训细目	学习单元	课程内容	培训建议	课堂学时
2．修理与维护	2–2 故障定位	2–2–2 能准备检测工具与设备，并确认其工作状态正常	（2）工具设备的状态确认	（2）检测工具、设备的准备和确认	2）检测工具、设备的状态确认 ①计算机检测设备和个人工具的调校和状态确认 ②计算机检测软件工具的设定 ③计算机检测中所需备机和备件的调校和状态确认 ④计算机检测环境调校和状态确认	（2）重点：检测工具、设备的状态确认	
		2–2–3 能根据计算机维修服务技术资料，通过个人计算机指示灯、屏幕信息提示、报警声音等获取故障原因	（1）技术资料中计算机外部状态的认知 （2）通过外部状态判断故障原因	（3）个人计算机外部状态故障判断	1）技术资料中计算机外部状态的认知 2）通过外部状态判断故障原因 ①指示灯 ②屏幕信息提示 ③报警声音 3）通过外部状态判断故障的典型案例分析	（1）方法：讲授法、演示法、案例教学法 （2）重点与难点：通过外部状态判断故障原因	2
		2–2–4 能用附件替换法确认个人计算机附件或主机状态	（1）附件替换法的认知 （2）用附件替换法判断个人计算机故障	（4）用附件替换法判断个人计算机故障	1）附件替换法的概念 2）用附件替换法判断个人计算机故障 ①附件拆装 ②故障判断 ③技巧和注意事项 3）用附件替换法判断个人计算机故障的典型案例 ①供电故障 ②显示故障 ③鼠标、键盘失效 ④其他故障	（1）方法：讲授法、演示法、案例教学法 （2）重点与难点：用附件替换法判断个人计算机故障	2
		2–2–5 能根据检测结果填写维修服务单据中的相关内容	（1）检测方法描述	（5）维修单中检测信息的填写	1）检测方法描述	（1）方法：讲授法、演示法	1

续表

2.1.2　五级 / 初级职业技能培训要求				2.2.2　五级 / 初级职业技能培训课程规范			
职业功能模块（模块）	培训内容（课程）	技能目标	培训细目	学习单元	课程内容	培训建议	课堂学时
2. 修理与维护	2-2 故障定位	2-2-5 能根据检测结果填写维修服务单据中的相关内容	(2) 故障状态描述	(5) 维修单中检测信息的填写	2) 故障状态描述 ①主机 ②附件	(2) 重点：故障状态描述	
	2-3 故障修复	2-3-1 能根据维修服务单据信息和用户报价反馈意见完成故障附件（如笔记本电池、电缆、适配器等）的替换	(1) 维修信息确认 (2) 故障附件替换修复	(1) 个人计算机附件替换修复	1) 维修信息确认 ①故障重现 ②型号核对	(1) 方法：讲授法、演示法、案例教学法 (2) 重点与难点：维修信息确认	1
					2) 故障附件替换修复		
		2-3-2 能检查修复个人计算机的操作系统和应用软件版本，并根据用户需求完成升级操作	(1) 个人计算机操作系统和应用软件的版本确认 (2) 个人计算机操作系统和应用软件的升级	(2) 个人计算机操作系统和应用软件版本确认和升级	1) 个人计算机操作系统和应用软件版本确认	(1) 方法：讲授法、演示法 (2) 重点与难点：个人计算机操作系统和应用软件升级	1
					2) 个人计算机操作系统和应用软件升级操作		
		2-3-3 能完成维修服务单据及管理系统数据记录，并把修复机放置在指定区域	(1) 维修完成信息录入 (2) 修复机摆放	(3) 个人计算机修复机信息录入和摆放	1) 维修完成信息录入 ①维修服务单据填写 ②维修服务管理系统信息录入	(1) 方法：讲授法、演示法、实训法 (2) 重点与难点：维修完成信息录入	1
					2) 修复机摆放规范 ①位置 ②标记		
	2-4 测试与验机	2-4-1 能对修复的个人计算机进行外观及软件完备性确认	(1) 个人计算机主机外观完备性确认 (2) 个人计算机附件外观完备性确认	(1) 个人计算机修复后的外观及软件完备性确认	1) 个人计算机修复前后外观状态和需求信息确认 ①受理时（修复前）状态信息 ②修复后外观需求信息	(1) 方法：讲授法、演示法	1
					2) 个人计算机主机外观完备性确认方法 ①完整性确认 ②机械性能确认		

续表

2.1.2 五级 / 初级职业技能培训要求				2.2.2 五级 / 初级职业技能培训课程规范			
职业功能模块（模块）	培训内容（课程）	技能目标	培训细目	学习单元	课程内容	培训建议	课堂学时
2．修理与维护	2-4 测试与验机	2-4-1 能对修复的个人计算机进行外观及软件完备性确认	（3）个人计算机软件完备性确认	（1）个人计算机修复后的外观及软件完备性确认	3）个人计算机附件外观及软件完备性确认方法 ①种类及数量确认 ②完整性确认 ③机械性能确认	（2）重点与难点：个人计算机附件外观及软件完备性确认方法	
		2-4-2 能对修复的个人计算机进行外观清洁	（1）个人计算机屏幕清洁 （2）个人计算机机箱风扇清洁 （3）个人计算机其他外观部件清洁	（2）修复后的个人计算机外观清洁	1）个人计算机屏幕清洁 2）个人计算机机箱风扇清洁 3）个人计算机其他外观部件清洁 ①机箱 ②鼠标、键盘	（1）方法：讲授法、演示法 （2）重点与难点：个人计算机屏幕清洁	1
		2-4-3 能对修复的个人计算机进行功能测试	（1）个人计算机故障点修复确认 （2）个人计算机必要功能确认	（3）修复后的个人计算机功能测试	1）个人计算机故障点修复功能测试 ①硬件功能 ②软件功能 2）个人计算机必要功能测试 ①故障相关功能 ②其他必要功能	（1）方法：讲授法、演示法 （2）重点与难点：个人计算机故障点修复功能测试	2
		2-4-4 能确认纸质及电子维修单据信息填写的完整性，并将修复机放入指定位置	（1）个人计算机维修完成信息确认流程 （2）待交付的个人计算机的摆放	（4）待交付个人计算机信息录入和摆放	1）个人计算机维修完成信息确认流程 ①纸质单据 ②维修管理系统 2）待交付的个人计算机摆放规范 ①区域 ②位置 ③标签	（1）方法：讲授法、演示法 （2）重点与难点：待交付的个人计算机摆放规范	1
3．物料及文件管理	3-1 工具管理	3-1-1 能检查并确认用户接待区的供电设施、安防设施、防静电设施、网络设施等基础设备设施的工作状态	（1）供电、安防、防静电、网络等设备设施的认知 （2）供电、安防、防静电、网络等设备设施的检查与状态确认	（1）用户接待区基础设备设施检查	1）用户接待区基础设备设施分类 2）用户接待区基础设备设施状态确认方法 ①供电设备设施 ②安防设备设施 ③防静电设备设施 ④网络设备设施	（1）方法：讲授法、演示法 （2）重点与难点：用户接待区基础设备设施状态确认方法	1

续表

2.1.2　五级 / 初级职业技能培训要求				2.2.2　五级 / 初级职业技能培训课程规范			
职业功能模块（模块）	培训内容（课程）	技能目标	培训细目	学习单元	课程内容	培训建议	课堂学时
3．物料及文件管理	3-1　工具管理	3-1-2　能使用计算机维修专用工具管理系统对维修服务工具进行申领、归还	（1）计算机维修专用工具管理系统中维修服务工具申领、归还流程的认知 （2）计算机维修专用工具管理系统中工具申领、归还流程的执行	（2）计算机维修专用工具管理系统的应用	1）计算机维修专用工具管理系统介绍 2）计算机维修专用工具管理系统的基本操作方法 ①工具信息及入库流程 ②申领流程 ③归还流程 ④工具状态查询	（1）方法：讲授法、演示法 （2）重点与难点：计算机维修专用工具管理系统的基本操作方法	1
		3-1-3　能按规范在维修工作间存放维修服务工具	（1）维修工作间工具存放手册与规范的认知 （2）维修服务工具存放手册与规范的执行	（3）维修工作间工具存放	1）拆装工具存放规范 2）焊接工具存放规范 3）仪器仪表存放规范 4）其他工具存放规范	（1）方法：讲授法、演示法 （2）重点与难点：维修工作间工具存放规范	1
	3-2　备件管理	3-2-1　能根据计算机主机及附件包装、机身外壳上的文字和图形标识识别物品的名称、型号、版本、性能等信息，并通过产品资料的物品列表查询相应的物品信息、拆装方式	备件信息的识别	（1）备件管理操作	1）计算机备件常用信息识读 ①备件类别划分 ②备件名称和型号信息表达 ③备件版本信息表达 ④其他备件信息 2）计算机备件信息的应用 ①备件列表及资料 ②备件标签识读与信息查询 3）备件管理单据使用规范 4）计算机备件管理操作 ①登记 ②查询 ③申领 ④返还	（1）方法：讲授法、演示法、实训法 （2）重点与难点：计算机备件管理操作	3
		3-2-2　能按规定使用备件管理单据或计算机维修服务信息系统，完成备件的登记、查询、申领、返还等操作	（1）备件管理单据的使用 （2）计算机维修服务信息系统的使用				

续表

2.1.2 五级 / 初级职业技能培训要求				2.2.2 五级 / 初级职业技能培训课程规范			
职业功能模块（模块）	培训内容（课程）	技能目标	培训细目	学习单元	课程内容	培训建议	课堂学时
3．物料及文件管理	3-2 备件管理	3-2-3 能按规定对替换下来的备件、附件及其包装进行安全存放与环保处置	计算机替换备件、附件及其包装的存放与处置	（2）计算机备件、附件及包装的环保处置规范	1）计算机备件的环保处置规范 2）计算机附件的环保处置规范 3）备件和附件包装的环保处置规范	（1）方法：讲授法 （2）重点与难点：备件和附件包装的环保处置规范	2
		3-2-4 能参照技术资料，查验主机、附件包装上的版本和有效期标识，判断其可用性及适配性	（1）主机、附件可用性的判断 （2）主机、附件适配性的判断	（3）主机、附件可用性和适配性	1）查验主机 2）查验附件 3）可用性和适配性的判断	（1）方法：讲授法、实训法、案例教学法 （2）重点与难点：可用性和适配性的判断	2
	3-3 文件资料管理	3-3-1 能按规定在计算机维修服务站点接待区悬挂或放置保修维修服务规定、服务报价单等宣传资料	（1）计算机维修服务站点接待区维修服务收费资料的认知 （2）宣传资料的悬挂及放置	（1）维修服务宣传资料与单据摆放	1）维修服务收费资料 ①保修维修服务规定 ②服务报价 ③其他资料 ④放置要求 2）宣传资料悬挂及放置要求	（1）方法：讲授法、演示法 （2）重点与难点：客户服务受理区维修服务单据的使用规范	2
		3-3-2 能按规定在计算机维修服务站点接待区放置维修服务单据	维修服务单据的放置		3）维修服务单据 ①根据服务状态分类存放维修服务单据 ②客户服务受理区维修服务单据的使用规范		2
		3-3-3 能使用计算机维修服务信息系统录入维修服务信息并根据规定和权限查看电子单据和信息	计算机维修服务信息系统的使用	（2）用户维修服务信息录入查询	1）维修服务信息的录入 2）电子维修服务单据应用和使用规范	（1）方法：讲授法、演示法 （2）重点与难点：电子维修服务单据应用和使用规范	2
		3-3-4 能按规定和权限摆放、领用、查阅及返还计算机维修服务资料	计算机维修服务资料的摆放、领用、查阅及返还	（3）计算机维修服务资料的管理	1）计算机维修服务资料的摆放要求	（1）方法：讲授法、演示法	2

续表

2.1.2 五级 / 初级职业技能培训要求				2.2.2 五级 / 初级职业技能培训课程规范			
职业功能模块（模块）	培训内容（课程）	技能目标	培训细目	学习单元	课程内容	培训建议	课堂学时
3．物料及文件管理	3–3 文件资料管理	3–3–4 能按规定和权限摆放、领用、查阅及返还计算机维修服务资料	计算机维修服务资料的摆放、领用、查阅及返还	（3）计算机维修服务资料的管理	2）计算机维修服务资料领用、查阅及返还规定	（2）重点：计算机维修服务资料管理	
		3–3–5 能按规定处置和保存用户数据资料	用户数据资料的处置和保存	（4）用户数据资料处置和保存	1）用户数据资料的处置规定 2）用户数据资料的保存规定	（1）方法：讲授法、演示法 （2）重点与难点：用户数据资料的处置和保存规定	2
课堂学时合计							80

附录 3 四级 / 中级职业技能培训要求与课程规范对照表

2.1.3 四级 / 中级职业技能培训要求				2.2.3 四级 / 中级职业技能培训课程规范			
职业功能模块（模块）	培训内容（课程）	技能目标	培训细目	学习单元	课程内容	培训建议	课堂学时
1．服务的受理与交付	1–1 远程服务请求应对	1–1–1 能根据产品手册和厂商技术资料指导用户正确存放、操作服务器	（1）服务器产品手册的认知 （2）服务器厂商技术资料的认知 （3）根据产品手册和厂商技术资料指导用户存放、操作服务器	（1）存放、操作服务器	1）服务器产品手册 ①机架式服务器安装操作手册 ②塔式服务器安装操作手册 2）服务器厂商技术资料 ①服务器功能技术资料 ②服务器各部件技术资料 3）指导用户存放、操作服务器 ①存放要求及注意事项 ②操作方法及注意事项	（1）方法：讲授法、案例教学法 （2）重点与难点：指导用户存放、操作服务器	2
		1–1–2 能通过电话或互联网在线工具指导用户确认服务器电源、网线等状态，并进行重新连接或更换	（1）通过互联网在线工具指导用户确认服务器电源、网线状态	（2）远程指导用户确认服务器状态	1）远程指导用户确认服务器电源、网线状态	（1）方法：讲授法、案例教学法	2

续表

2.1.3　四级 / 中级职业技能培训要求				2.2.3　四级 / 中级职业技能培训课程规范			
职业功能模块（模块）	培训内容（课程）	技能目标	培训细目	学习单元	课程内容	培训建议	课堂学时
1．服务的受理与交付	1-1　远程服务请求应对	1-1-2　能通过电话或互联网在线工具指导用户确认服务器电源、网线等状态，并进行重新连接或更换	（2）通过电话或互联网在线工具指导用户重新连接服务器电源线或网线 （3）通过电话或互联网在线工具指导用户更换电源线或网线	（2）远程指导用户确认服务器状态	2）远程指导用户重新连接服务器电源线或网线	（2）重点与难点：通过电话或互联网在线工具指导用户重新连接服务器电源线或网线	
					3）远程指导用户更换电源线或网线		
		1-1-3　能根据技术资料指导用户下载、安装、升级服务器的驱动程序、固件和专用软件工具	（1）指导用户参考相关技术资料下载（获取）服务器驱动程序、固件和专用软件工具 （2）指导用户参考相关技术资料安装服务器驱动程序、固件和专用软件工具 （3）指导用户参考相关技术资料升级服务器驱动程序、固件和专用软件工具	（3）指导用户下载、安装、升级服务器的驱动程序、固件和专用软件工具	1）服务器驱动程序下载、安装与升级的指导	（1）方法：讲授法、案例教学法 （2）重点与难点：指导用户下载（获取）服务器驱动程序、固件与专用软件工具	2
					2）服务器固件下载、安装与升级的指导		
					3）服务器专用软件工具下载、安装与升级的指导		
	1-2　维修服务受理	1-2-1　能准备用户现场服务所需的工具、技术资料和服务单据	（1）识读维修任务相关信息 （2）根据维修任务相关信息准备服务工具、技术资料和服务单据	（1）准备服务器现场服务工具、技术资料和服务单据	1）维修任务相关信息	（1）方法：讲授法、案例教学法 （2）重点与难点：服务器用户现场服务的工具、技术资料准备	2
					2）服务器工具准备		
					3）技术资料准备		
					4）服务单据准备		

续表

<table>
<tr><th colspan="4">2.1.3　四级 / 中级职业技能培训要求</th><th colspan="4">2.2.3　四级 / 中级职业技能培训课程规范</th></tr>
<tr><th>职业功能模块（模块）</th><th>培训内容（课程）</th><th>技能目标</th><th>培训细目</th><th>学习单元</th><th>课程内容</th><th>培训建议</th><th>课堂学时</th></tr>
<tr><td rowspan="5">1. 服务的受理与交付</td><td rowspan="4">1–2　维修服务受理</td><td rowspan="2">1–2–2　能在用户使用环境下测试报修的服务器，并在维修单据上记录故障现象</td><td rowspan="2">（1）在用户使用环境按规定进行报修服务器测试
（2）在维修单据上正确记录服务器故障信息</td><td rowspan="2">（2）报修服务器现场测试及故障现象记录</td><td>1）报修服务器用户现场测试
①用户使用环境
②故障再现测试</td><td rowspan="2">（1）方法：讲授法、案例教学法
（2）重点与难点：报修服务器用户现场测试</td><td rowspan="2">2</td></tr>
<tr><td>2）报修服务器故障信息记录
①故障代码及现象描述信息
②主机信息
③客户使用环境信息</td></tr>
<tr><td>1–2–3　能在用户现场检测服务器，告知用户修理、维护方案和计划</td><td>（1）在用户现场检测服务器
（2）现场告知用户并沟通服务器修理、维护方案</td><td>（3）服务器的现场检测与维修方案沟通</td><td>1）服务器的现场检测
2）服务器维修方案现场沟通
①维修方案
②维修计划</td><td>（1）方法：讲授法、案例教学法
（2）重点与难点：服务器的现场检测</td><td>2</td></tr>
<tr><td>1–2–4　能在用户现场告知用户机器修复前服务器操作的注意事项，以及保障财产与数据安全的有效措施</td><td>（1）客户业务仍可正常运行的故障服务器修复前的操作与安保措施
（2）无法正常运行的故障服务器修复前的操作与安保措施</td><td>（4）故障服务器操作注意事项及相应安保措施</td><td>1）客户业务仍可正常运行的故障服务器修复前的操作与安保措施
①操作注意事项
②财产保障措施
③数据安全措施
④用户沟通技巧及典型案例分析
2）无法正常运行的故障服务器修复前的操作与安保措施
①操作注意事项
②财产保障措施
③数据安全措施
④用户沟通技巧及典型案例分析</td><td>（1）方法：讲授法、案例教学法
（2）重点与难点：无法正常运行的故障服务器修复前的操作与安保措施</td><td>2</td></tr>
<tr><td>1–3　维修服务完成与交付</td><td>1–3–1　能按流程在用户现场对完成修复的服务器进行验机</td><td>（1）认知服务器用户现场修复机交付规范</td><td>（1）服务器修复后的检验方法</td><td>1）服务器用户现场修复机交付规范
①服务器修复后功能检验规范
②用户现场操作的常见问题与应对方法</td><td>（1）方法：讲授法、案例教学法</td><td>2</td></tr>
</table>

续表

2.1.3 四级 / 中级职业技能培训要求				2.2.3 四级 / 中级职业技能培训课程规范			
职业功能模块（模块）	培训内容（课程）	技能目标	培训细目	学习单元	课程内容	培训建议	课堂学时
1. 服务的受理与交付	1–3 维修服务完成与交付	1–3–1 能按流程在用户现场对完成修复的服务器进行验机	（2）服务器修复后的验机操作	（1）服务器修复后的检验方法	2）服务器修复后的验机操作 ①单机外观核验与功能验证 ②网络环境及客户业务验证 ③可靠性验证 ④兼容性验证及其他测试	（2）重点与难点：服务器修复后的验机操作	
		1–3–2 能在用户现场调取已修复设备的电子信息并与用户核对	（1）用户现场调取修复设备电子信息 （2）用户现场核对修复设备电子信息	（2）调取、核对已修复设备的电子信息	1）用户现场调取已修复设备的电子信息 ①本机调取 ②远程调取	（1）方法：讲授法、案例教学法 （2）重点与难点：用户现场核对已修复设备的电子信息	2
					2）用户现场核对已修复设备的电子信息		
		1–3–3 能在用户现场完成维修服务单据填写及计算机维修服务信息系统数据记录，并与用户核对确认	（1）用户现场完成维修服务后填写纸质维修服务单据的注意事项 （2）在用户现场维修服务完成后与客户的沟通交流方法与技巧	（3）用户现场完成维修服务数据记录	1）用户现场完成维修服务后填写纸质维修服务单据的注意事项 ①维修服务操作信息记录 ②修复机主要性能指标和用户业务运行状态的填写 ③料件更换情况记录 ④远程登录维修服务信息系统完成电子维修服务单数据记录	（1）方法：讲授法、案例教学法 （2）重点与难点：在用户现场维修服务完成后与客户的沟通交流方法与技巧	2
					2）在用户现场维修服务完成后与客户的沟通交流方法与技巧 ①与客户核对维修服务信息和数据 ②用户现场信息核对及用户签字确认 ③维修服务费收取与客户沟通技巧		

续表

2.1.3　四级 / 中级职业技能培训要求				2.2.3　四级 / 中级职业技能培训课程规范			
职业功能模块（模块）	培训内容（课程）	技能目标	培训细目	学习单元	课程内容	培训建议	课堂学时
1．服务的受理与交付	1-4　用户服务评价及应对措施	1-4-1　能在服务器用户现场获取服务评价	在用户现场获取服务器维修服务评价	（1）在用户现场获取服务器维修服务评价	1）在用户现场获取服务器维修服务评价的常规流程和要素 2）与远程获取服务器服务评价的区别 3）在用户现场获取服务器维修服务评价的常见问题及应对技巧	（1）方法：讲授法、案例教学法 （2）重点与难点：在用户现场获取服务器维修服务评价	2
		1-4-2　能在服务器维修服务结束后的规定时间内对用户进行远程回访	（1）认知服务器维修服务远程回访的意义和形式 （2）执行服务器维修服务远程回访	（2）服务器维修服务远程回访	1）服务器维修服务远程回访的意义和形式 ①回访的意义 ②人工回访 ③在线回访 2）服务器维修服务远程回访的执行方法 ①常规要素 ②操作流程 ③执行规范及常见问题解析	（1）方法：讲授法、案例教学法 （2）重点与难点：服务器维修服务远程回访的执行方法	2
		1-4-3　能根据技术资料回答服务器用户的常见投诉问题	（1）查询服务器用户常见投诉问题处置技术资料 （2）处置服务器用户常见投诉问题的注意事项	（3）服务器用户常见投诉问题的应对方法	1）服务器用户常见投诉问题处置技术资料的查询方法 ①厂商常规官方技术资料的使用 ②专用应对投诉的官方技术资料的使用 ③非官方互联网技术资料的查询 2）处置服务器用户常见投诉问题的注意事项 ①服务器用户财产、业务和数据优先考虑 ②技术和法律资料的应用 ③服务器用户的沟通要点及技巧 3）典型案例分析	（1）方法：讲授法、案例教学法 （2）重点与难点：处置服务器用户常见投诉问题的注意事项	2

续表

2.1.3　四级 / 中级职业技能培训要求				2.2.3　四级 / 中级职业技能培训课程规范			
职业功能模块（模块）	培训内容（课程）	技能目标	培训细目	学习单元	课程内容	培训建议	课堂学时
2．修理与维护	2–1　计算机的安装与维护	2–1–1　能在用户现场完成服务器的硬件安装	（1）塔式服务器的硬件安装 （2）机架式服务器的硬件安装 （3）刀片式服务器的硬件安装	（1）服务器硬件的安装	1）塔式服务器的硬件安装 ①CPU 的安装 ②硬盘的安装 ③内存的安装 ④其他配件安装	（1）方法：讲授法、演示法 （2）重点：刀片式服务器的硬件安装	4
					2）机架式服务器的硬件安装 ①CPU 的安装 ②硬盘的安装 ③内存的安装 ④导轨固定 ⑤其他配件安装		
					3）刀片式服务器的硬件安装 ①CPU 的安装 ②硬盘的安装 ③内存的安装 ④其他配件安装		
		2–1–2　能对 Windows 服务器操作系统软件和驱动程序进行安装与升级	（1）Windows 服务器操作系统软件的初始安装与升级	（2）Windows 服务器操作系统软件和驱动程序的初始安装与升级	1）Windows 服务器操作系统 ①发展历史 ②版本配置	（1）方法：讲授法、演示法	2
					2）Windows 服务器操作系统软件环境需求 ①硬件需求 ②系统环境需求		
					3）Windows 服务器操作系统软件初始安装 ①安装流程 ②基本设置 ③注册与激活		
					4）Windows 服务器操作系统软件的升级 ①版本确认 ②本地升级 ③在线升级		

续表

2.1.3 四级 / 中级职业技能培训要求				2.2.3 四级 / 中级职业技能培训课程规范			
职业功能模块（模块）	培训内容（课程）	技能目标	培训细目	学习单元	课程内容	培训建议	课堂学时
2．修理与维护	2-1 计算机的安装与维护	2-1-2 能对Windows 服务器操作系统软件和驱动程序进行安装与升级	（2）Windows 服务器驱动程序的初始安装与升级	（2）Windows 服务器操作系统软件和驱动程序的初始安装与升级	5）Windows 服务器驱动程序的安装 ①网卡 ②显卡 ③RAID 磁盘阵列	（2）重点与难点：Windows 服务器操作系统软件初始安装	
					6）Windows 服务器驱动程序的升级		
	2-2 故障定位	2-2-1 能使用专用的测试软件对个人计算机进行检测	（1）个人计算机专用测试软件的认知 （2）个人计算机专用测试软件的使用	（1）个人计算机专用测试软件的使用	1）个人计算机专用测试软件 ①基本原理 ②常用软件分类	（1）方法：讲授法、演示法、案例教学法 （2）重点与难点：个人计算机专用测试软件的使用方法	2
					2）个人计算机专用测试软件的使用方法 ①磁盘专用测试软件 ②CPU 专用测试软件 ③内存专用测试软件 ④显示器专用测试软件 ⑤鼠标、键盘专用测试软件 ⑥网络专用测试软件 ⑦其他专用测试软件		
		2-2-2 能使用命令行操作提取个人计算机日志及网络配置参数	（1）命令行操作方法的认知 （2）使用命令行操作方法提取个人计算机日志 （3）使用命令行操作方法提取个人计算机网络配置参数	（2）命令行操作提取个人计算机日志及网络配置参数	1）命令行操作方法 ①命令行方式的开启 ②常用命令	（1）方法：讲授法、演示法 （2）重点与难点：命令行操作提取个人计算机日志	2
					2）命令行操作提取个人计算机日志 ①Windows 系统 ②Linux 系统 ③macOS 系统		
					3）命令行操作提取个人计算机网络配置参数 ①Windows 系统 ②Linux 系统 ③macOS 系统		

续表

2.1.3 四级 / 中级职业技能培训要求				2.2.3 四级 / 中级职业技能培训课程规范			
职业功能模块（模块）	培训内容（课程）	技能目标	培训细目	学习单元	课程内容	培训建议	课堂学时
2．修理与维护	2-2 故障定位	2-2-3 能检测个人计算机供电、网络等外部环境引起的故障	（1）常用个人计算机外部环境运行要求的认知 （2）个人计算机常见外部环境引起的故障检测	（3）个人计算机外部环境引起的故障检测	1）常用个人计算机外部环境运行要求 ①温度、湿度、灰尘 ②通风、光照 ③震动 ④供电 ⑤网络 2）个人计算机常见外部环境引起的故障检测方法 ①视觉、嗅觉、触觉等基本感知检测 ②工具仪表检测 3）个人计算机外部环境故障典型案例分析	（1）方法：讲授法、演示法、案例教学法 （2）重点与难点：常用个人计算机外部环境运行要求	2
		2-2-4 能判断个人计算机基本输入输出系统（BIOS）设置错误引起的故障	个人计算机BIOS故障信息确认	（4）个人计算机BIOS常见故障判断	1）计算机BIOS认知 ①基本结构 ②传统BIOS ③UEFI ④进入方式 ⑤设置项 2）个人计算机BIOS故障信息确认 ①维修单信息 ②原机信息 ③版本查看 3）个人计算机BIOS设置错误典型案例	（1）方法：讲授法、演示法、案例教学法 （2）重点与难点：计算机BIOS认知，个人计算机BIOS设置错误典型案例	3
		2-2-5 能判断个人计算机系统或软件问题引起的故障	（1）个人计算机系统和软件故障的认知	（5）个人计算机系统和软件故障判断	1）个人计算机系统和软件故障 ①分类 ②常见现象 2）个人计算机系统和软件故障的判断方法 ①操作系统故障 ②应用软件故障 ③其他故障	（1）方法：讲授法、演示法、案例教学法	3

续表

2.1.3 四级 / 中级职业技能培训要求				2.2.3 四级 / 中级职业技能培训课程规范			
职业功能模块（模块）	培训内容（课程）	技能目标	培训细目	学习单元	课程内容	培训建议	课堂学时
		2-2-5 能判断个人计算机系统或软件问题引起的故障	(2) 个人计算机系统和软件故障的判断	(5) 个人计算机系统和软件故障判断	3) 个人计算机系统和软件故障典型案例 ①软件不兼容 ②非法操作 ③误操作 ④病毒破坏	(2) 重点与难点：个人计算机系统和软件故障的判断方法	
		2-2-6 能根据产品资料拆装个人计算机的外壳及内部各部件	(1) 个人计算机装配手册的查阅 (2) 个人计算机的拆装	(6) 个人计算机外壳及内部部件的拆装	1) 个人计算机装配手册的查阅方法 2) 个人计算机的拆装方法 ①外壳 ②板卡 ③硬盘 ④内存 ⑤电池 ⑥显示组件	(1) 方法：讲授法、演示法 (2) 重点与难点：个人计算机的拆装方法	1
2. 修理与维护	2-2 故障定位	2-2-7 能使用故障诊断卡判断个人计算机硬件故障原因	(1) 故障诊断卡的基本原理与认知 (2) 各类故障诊断卡的使用	(7) 个人计算机故障诊断卡的使用	1) 故障诊断卡的分类 ①台式机故障诊断卡 ②便携式计算机故障诊断卡 2) 故障诊断卡的操作方法 ①PCI 接口 ②PCI-E 接口 ③mini PCI-E 接口	(1) 方法：讲授法、演示法、案例教学法 (2) 重点与难点：故障诊断卡的操作方法	4
		2-2-8 能用配件替换法确认个人计算机故障部件	(1) 配件替换法在个人计算机故障定位中的应用	(8) 配件替换法判断个人计算机故障	1) 配件替换法在个人计算机故障定位中的应用 ①现场操作 ②维修间操作 2) 配件替换法在个人计算机故障定位中的操作 ①CPU ②内存 ③硬盘 ④电源 ⑤主板 ⑥其他配件	(1) 方法：讲授法、演示法、案例教学法	3

续表

2.1.3 四级／中级职业技能培训要求				2.2.3 四级／中级职业技能培训课程规范			
职业功能模块（模块）	培训内容（课程）	技能目标	培训细目	学习单元	课程内容	培训建议	课堂学时
2．修理与维护	2-2 故障定位	2-2-8 能用配件替换法确认个人计算机故障部件	（2）配件替换法在个人计算机故障定位中的操作	（8）配件替换法判断个人计算机故障	3）用配件替换法对个人计算机进行故障定位的典型案例	（2）重点与难点：配件替换法在个人计算机故障定位中的操作	
	2-3 故障修复	2-3-1 能修复个人计算机 BIOS 设置错误引起的故障	（1）个人计算机 BIOS 故障信息确认 （2）个人计算机 BIOS 设置错误故障修复操作	（1）个人计算机 BIOS 设置错误故障修复	1）个人计算机 BIOS 故障信息确认 ①单据信息 ②原机信息 2）个人计算机 BIOS 设置错误故障修复操作 ①调整错误设置项 ②恢复默认设置 ③重置开机密码	（1）方法：讲授法、演示法、案例教学法 （2）重点与难点：个人计算机 BIOS 设置错误故障修复操作	2
		2-3-2 能修复个人计算机系统或软件问题引起的故障	（1）个人计算机系统或软件问题故障信息确认 （2）个人计算机系统或软件问题修复操作	（2）个人计算机系统或软件问题故障修复	1）个人计算机系统或软件问题故障信息确认 ①单据信息 ②原机信息 2）个人计算机系统或软件问题修复操作 ①版本升级 ②配置修改 ③资源清理 ④丢失文件恢复 ⑤垃圾软件清理 ⑥杀毒 ⑦其他	（1）方法：讲授法、演示法、案例教学法 （2）重点与难点：个人计算机系统或软件问题修复操作	2
		2-3-3 能修复个人计算机供电、网络等外部环境引起的故障	（1）修复个人计算机供电故障 （2）修复个人计算机网络故障 （3）修复个人计算机其他外部环境引起的故障	（3）个人计算机外部环境引起的故障修复	1）个人计算机供电故障修复操作 ①客户供电设备问题 ②供电服务商问题 ③其他供电相关问题 2）个人计算机网络故障修复操作 ①客户网络设备问题 ②网络运营商问题 ③其他网络相关问题 3）其他外部环境引起的故障修复操作	（1）方法：讲授法、演示法、案例教学法 （2）重点与难点：个人计算机网络故障修复操作	2

续表

2.1.3 四级 / 中级职业技能培训要求				2.2.3 四级 / 中级职业技能培训课程规范			
职业功能模块（模块）	培训内容（课程）	技能目标	培训细目	学习单元	课程内容	培训建议	课堂学时
2. 修理与维护	2-3 故障修复	2-3-4 能对个人计算机故障部件进行更换	（1）确认个人计算机故障部件 （2）更换个人计算机故障部件	（4）个人计算机故障部件的确认和更换	1）个人计算机故障部件的确认方法 ①目测法 ②替换法 ③计算机故障诊断卡等专用诊断软硬件工具应用 ④电子电器部件测量法 2）更换个人计算机故障部件的操作方法 ①个人计算机故障部件的拆卸与安装流程资料查询 ②电子电器部件更换操作规范 ③个人计算机结构部件更换操作规范	（1）方法：讲授法、演示法、案例教学法 （2）重点与难点：个人计算机故障部件的确认方法	1
		2-3-5 能对个人计算机内部进行清洁除尘	个人计算机内部清洁除尘	（5）个人计算机内部清洁除尘	1）电源清洁除尘 2）风扇清洁除尘 3）板卡清洁除尘 4）机械部件清洁除尘	（1）方法：讲授法、演示法 （2）重点与难点：电源清洁除尘	1
	2-4 测试与验机	2-4-1 能对修复的服务器进行外观完备性确认	（1）服务器主机外观完备性确认 （2）服务器硬件配置完备性确认 （3）服务器软件完备性确认	（1）修复后服务器的外观完备性确认	1）服务器主机外观完备性确认 2）服务器硬件配置完备性确认 ① CPU ②内存 ③硬盘 3）服务器软件完备性确认	（1）方法：讲授法、演示法 （2）重点与难点：服务器硬件配置完备性确认	2
		2-4-2 能对修复的服务器进行外观清洁	（1）服务器机箱外观清洁 （2）服务器外部风扇清洁 （3）其他服务器外观部件清洁	（2）修复后服务器的外观清洁	1）服务器机箱外观清洁 2）服务器外部风扇清洁 3）其他服务器外观部件清洁	（1）方法：讲授法、演示法 （2）重点与难点：服务器机箱外观清洁	1

续表

2.1.3 四级 / 中级职业技能培训要求				2.2.3 四级 / 中级职业技能培训课程规范			
职业功能模块（模块）	培训内容（课程）	技能目标	培训细目	学习单元	课程内容	培训建议	课堂学时
2. 修理与维护	2-4 测试与验机	2-4-3 能确认纸质及电子维修服务单据信息填写的完整性，并将修复机放入指定位置	(1) 服务器维修完成信息确认 (2) 待交付的服务器摆放规范	(3) 服务器待交付机信息录入和摆放	1) 服务器维修完成信息确认流程 ①纸质单据 ②电子系统 2) 待交付的服务器摆放规范 ①区域 ②位置 ③标签	(1) 方法：讲授法、演示法 (2) 重点与难点：待交付的服务器摆放规范	1
3. 物料及文件管理	3-1 工具管理	3-1-1 能准备前往计算机用户现场所需的防静电设备、清洁工具、拆装工具、专用调校工具、存储介质及附属线材等	(1) 根据维修服务任务分配情况确认常规工具需求 (2) 前往计算机用户现场前需要明确工具携带需求的情况	(1) 前往计算机用户现场开展维修服务的工具准备	1) 根据维修服务任务分配情况准备常规设备工具 ①防静电设备 ②清洁工具 ③拆装工具 ④专用调校工具 ⑤存储介质 ⑥附属线材 2) 特殊维修服务任务情况下设备工具准备 ①维修服务任务信息不明确 ②与用户沟通后发现场地等客户使用环境有特殊情况 ③特殊业务运行环境	(1) 方法：讲授法、演示法 (2) 重点与难点：根据维修服务任务分配情况准备设备工具	2
		3-1-2 能按安全生产规范在计算机用户现场摆放和操作维修工具及用户设备	维修工具及待修设备在现场的摆放和操作	(2) 维修工具及待修设备的摆放	1) 用户现场维修工具及待修设备的摆放 ①工具的操作、摆放 ②待修设备的操作、摆放 2) 现场操作安全注意事项	(1) 方法：讲授法、演示法、实训法 (2) 重点与难点：用户现场维修工具及待修设备的摆放	2
	3-2 备件管理	3-2-1 能根据规定对计算机备件进行抽检	计算机备件的抽检	(1) 计算机备件抽检	1) 计算机备件的抽检规则 2) 计算机备件的检测方法	(1) 方法：讲授法、演示法、实训法 (2) 重点与难点：计算机备件的检测方法	2

续表

2.1.3　四级 / 中级职业技能培训要求				2.2.3　四级 / 中级职业技能培训课程规范			
职业功能模块（模块）	培训内容（课程）	技能目标	培训细目	学习单元	课程内容	培训建议	课堂学时
3．物料及文件管理	3–2　备件管理	3–2–2　能根据流程返还计算机故障备件	计算机故障备件的返还	（2）计算机故障备件返还	故障备件的返还流程	（1）方法：讲授法、案例教学法 （2）重点与难点：故障备件的返还流程	2
		3–2–3　能根据计算机维修服务信息系统的记录分析及反馈备件故障率	备件故障率的分析与反馈	（3）备件故障率的分析与反馈	1）备件故障率的分析 ①分析方法 ②注意事项	（1）方法：讲授法、演示法、实训法 （2）重点与难点：备件故障率分析方法	2
					2）备件故障率的反馈		
	3–3　文件资料管理	3–3–1　能准备服务器用户现场所需要使用的纸质维修服务技术资料	服务器用户现场维修服务技术资料的准备	（1）服务器用户现场纸质维修服务技术资料的准备	1）服务器用户现场维修服务技术资料	（1）方法：讲授法、演示法 （2）重点与难点：服务器用户现场纸质维修服务技术资料准备	2
					2）服务器用户现场纸质维修服务技术资料准备		
		3–3–2　能在服务器用户现场在线查询维修服务技术资料	服务器维修服务技术资料的在线查询	（2）服务器维修服务技术资料在线查询	1）服务器用户现场维修服务技术资料在线查询方法	（1）方法：讲授法、演示法、实训法、案例教学法 （2）重点与难点：服务器用户现场维修服务技术资料在线查询方法	2
					2）在线查询注意事项		
		3–3–3　能按照规定流程保存和交付用户现场维修单据，并在计算机维修服务管理系统完成结单	（1）用户现场维修单据保存和交付 （2）计算机维修服务管理系统结单	（3）单据的保存、交付和维修服务管理系统结单	1）用户现场维修单据的保存和交付方法	（1）方法：讲授法、演示法、实训法、案例教学法 （2）重点与难点：用户现场维修单据的保存和交付方法	2
					2）计算机维修服务管理系统结单操作		
课堂学时合计							80

附录 4　三级 / 高级职业技能培训要求与课程规范对照表

2.1.4　三级 / 高级职业技能培训要求				2.2.4　三级 / 高级职业技能培训课程规范			
职业功能模块（模块）	培训内容（课程）	技能目标	培训细目	学习单元	课程内容	培训建议	课堂学时
1．服务的受理与交付	1-1　远程服务请求应对	1-1-1　能解决五级 / 初级工、四级 / 中级工升级的用户服务请求和疑难问题	（1）确认五级 / 初级工、四级 / 中级工升级事项的处理方式 （2）指导五级 / 初级工、四级 / 中级工参考相关资料应对客户诉求	（1）解决五级 / 初级工、四级 / 中级工升级的用户服务请求和疑难问题	1）确认五级 / 初级工、四级 / 中级工升级事项的处理方式 2）指导五级 / 初级工、四级 / 中级工参考相关资料应对客户诉求	（1）方法：讲授法、案例教学法 （2）重点与难点：指导五级 / 初级工、四级 / 中级工参考相关资料应对客户诉求	2
		1-1-2　能通过电话或互联网在线工具向用户获取故障服务器的产品信息，提供备机并执行后续维修流程	（1）远程获取故障服务器产品信息 （2）提供备机服务并启动后续服务流程	（2）服务器备机服务与后续维修流程	1）远程获取故障服务器产品信息 ①主机型号 ②故障现象 ③保修信息 ④其他信息 2）备机服务与后续服务流程 ①提供备机的条件 ②后续流程安排	（1）方法：讲授法、案例教学法 （2）重点与难点：远程获取故障服务器产品信息	2
		1-1-3　能根据服务器用户的故障描述，辨别故障现象的级别，并根据技术手册远程指导用户采取相应的措施	（1）远程判别服务器故障级别 （2）远程指导服务器用户采取财产保障和数据安全措施	（3）故障排除前，远程指导服务器用户执行财产保障和数据安全措施	1）服务器故障级别的远程判别方法 ①在技术手册内查询服务器故障级别 ②服务器故障详情的远程沟通技巧 2）远程指导服务器用户采取财产保障和数据安全措施 ①一般信息或需调试信息 ②警告信息 ③错误级别故障 ④致命（严重）级别故障	（1）方法：讲授法、案例教学法 （2）重点与难点：远程指导服务器用户采取财产保障和数据安全措施	2

续表

2.1.4　三级 / 高级职业技能培训要求				2.2.4　三级 / 高级职业技能培训课程规范			
职业功能模块（模块）	培训内容（课程）	技能目标	培训细目	学习单元	课程内容	培训建议	课堂学时
1．服务的受理与交付	1-2　维修服务受理	1-2-1　能在用户使用环境下对服务器维修单据上的信息进行验证并执行后续服务流程	（1）验证服务器维修单据信息 （2）执行服务器维修后续服务流程	（1）服务器维修单据核验与后续服务	1）服务器维修单据信息验证 ①服务器维修单据内容 ②服务器维修单据信息核验方法	（1）方法：讲授法、案例教学法 （2）重点与难点：服务器维修后续服务流程执行	2
					2）服务器维修后续服务流程执行		
		1-2-2　能通过远程的方式处理由于网络设备引起的服务器信息传输故障的报修	（1）远程收集服务器信息传输故障信息 （2）远程排查和处置网络设备引起的服务器信息传输故障	（2）远程排查和处置网络设备引起的服务器信息传输故障	1）路由器的安装与使用	（1）方法：讲授法、案例教学法 （2）重点与难点：网络设备引起的服务器信息传输故障远程排查和处置方法	2
					2）服务器信息传输故障信息远程收集方法 ①服务器用户服务请求信息 ②电话或社交软件（照片、文字、语音等）的用户沟通 ③服务器远程登录与测试		
					3）网络设备引起的服务器信息传输故障远程排查和处置方法 ①线路重新连接指导方法 ②服务器及网络设备重新启动指导方法 ③服务器及网络设备参数匹配设置指导方法 ④运营商或网络设备制造商联络支持 ⑤其他方法		

续表

2.1.4　三级 / 高级职业技能培训要求				2.2.4　三级 / 高级职业技能培训课程规范			
职业功能模块（模块）	培训内容（课程）	技能目标	培训细目	学习单元	课程内容	培训建议	课堂学时
1. 服务的受理与交付	1–2　维修服务受理	1–2–3　能对在用户现场进行维修服务的四级 / 中级工提供远程技术支持	（1）四级 / 中级工常见用户现场维修服务问题及应对方案 （2）对四级 / 中级工提供远程技术支持	（3）远程技术支持四级 / 中级工进行维修服务	1）用户现场维修服务常见问题及应对方案 ①常见问题分类 ②应对方案	（1）方法：讲授法、案例教学法 （2）重点与难点：用户现场维修服务常见问题及应对方案	2
					2）用户现场维修服务的指导方法 ①语音支持 ②在线支持		
	1–3　维修服务完成与交付	1–3–1　能按规定在用户中心机房部署、安装服务器	（1）在用户中心机房现场辅助用户安装与部署客户业务网络系统 （2）远程辅助用户安装与部署客户业务网络系统	（1）辅助用户完成客户业务网络系统的安装与部署	1）在用户中心机房现场辅助用户安装与部署客户业务网络系统 ①在用户中心机房现场辅助的必要性 ②在用户中心机房现场辅助的实施规范 ③在用户中心机房现场辅助的案例分析、常见问题与注意事项	（1）方法：讲授法、案例教学法 （2）重点与难点：在用户中心机房现场辅助用户安装与部署客户业务网络系统	2
					2）远程辅助用户安装与部署客户业务网络系统 ①远程辅助的必要性和常规实施条件 ②远程辅助的实施规范 ③远程辅助的案例分析、常见问题与注意事项		
		1–3–2　能按用户要求设置网络中服务器的不同访问权限	（1）明确用户访问权限	（2）网络中服务器访问权限的设置	1）明确用户的要求 ①收集用户要求 ②分析用户要求 ③合理规避用户不合理要求	（1）方法：讲授法、案例教学法	2

续表

2.1.4 三级 / 高级职业技能培训要求				2.2.4 三级 / 高级职业技能培训课程规范			
职业功能模块（模块）	培训内容（课程）	技能目标	培训细目	学习单元	课程内容	培训建议	课堂学时
1．服务的受理与交付	1-3 维修服务完成与交付	1-3-2 能按用户要求设置网络中服务器的不同访问权限	（2）设置网络中服务器的不同访问权限	（2）网络中服务器访问权限的设置	2）设置网络中服务器的不同访问权限 ①根据用户不同要求设置权限 ②测试不同要求的权限	（2）重点与难点：设置网络中服务器的不同访问权限	
		1-3-3 能安装服务器的磁盘阵列、磁带库等存储介质	（1）安装服务器磁盘阵列 （2）安装服务器磁带库	（3）服务器磁盘阵列、磁带库的安装	1）服务器磁盘阵列的安装 ①认知磁盘阵列 ②安装规范 ③安装步骤 2）服务器磁带库的安装 ①认知磁带库 ②安装规范 ③安装步骤	（1）方法：讲授法、案例教学法 （2）重点与难点：服务器磁盘阵列、磁带库的安装	2
		1-3-4 能安装、调试服务器 UPS（不间断电源）	（1）服务器不间断电源的安装 （2）服务器不间断电源的调试	（4）服务器 UPS（不间断电源）的安装与调试	1）服务器不间断电源的安装 ①不断电安装步骤 ②注意事项 2）服务器不间断电源的调试 ①不断电调试步骤 ②注意事项	（1）方法：讲授法、案例教学法 （2）重点与难点：服务器不间断电源的安装与调试	2
	1-4 用户服务评价及应对措施	1-4-1 能按计算机维修服务站点的相关规定对升级的用户投诉进行处置	（1）计算机维修服务站点产品质量相关的投诉事件处置与升级	（1）处置计算机维修服务站点客户投诉事件	1）计算机维修服务站点与产品质量相关的投诉事件的处置与升级 ①产品质量相关投诉的判定 ②指导和督促五级 / 初级工、四级 / 中级工按规定处置已有方案的产品质量投诉事件 ③需向上级升级产品质量问题的流程管理	（1）方法：讲授法、案例教学法	2

续表

2.1.4 三级 / 高级职业技能培训要求				2.2.4 三级 / 高级职业技能培训课程规范			
职业功能模块（模块）	培训内容（课程）	技能目标	培训细目	学习单元	课程内容	培训建议	课堂学时
1. 服务的受理与交付	1-4 用户服务评价及应对措施	1-4-1 能按计算机维修服务站点的相关规定对升级的用户投诉进行处置	（2）计算机维修服务站点服务实施相关的投诉事件处置	（1）处置计算机维修服务站点客户投诉事件	2）计算机维修服务站点与服务实施相关的投诉事件的处置 ①因维修服务站点员工服务行为问题造成的投诉事件 ②需要风险管控与上报的事件处置方法与案例分析	（2）重点与难点：计算机维修服务站点与服务实施相关的投诉事件的处置	
		1-4-2 能对投诉问题进行汇总、分析并撰写投诉问题报告	（1）统计计算机维修服务站点的投诉事件 （2）分析计算机维修服务站点的投诉事件问题	（2）计算机维修服务站点的投诉事件统计与问题分析	1）计算机维修服务站点的投诉事件统计方法 2）计算机维修服务站点的投诉事件问题分析方法 ①产品质量类投诉事件问题分析 ②服务类投诉事件问题分析 ③客户诉求异常类投诉事件问题分析 3）计算机维修服务站点的投诉事件问题分析报告撰写方法	（1）方法：讲授法、案例教学法 （2）重点与难点：计算机维修服务站点的投诉事件问题分析方法	2
2. 修理与维护	2-1 计算机的安装与维护	2-1-1 能按照网络配置文件对用户Windows服务器配置相关参数，完成批量操作系统的部署和升级	（1）Windows服务器操作系统批量部署的认知 （2）Windows服务器操作系统批量部署和升级操作	（1）Windows服务器环境操作系统批量部署和升级	1）Windows服务器操作系统批量部署 ①自动化运维概念 ②软硬件要求 2）Windows服务器操作系统批量部署常用软件工具 ①WDS服务 ②kickstart ③Cobbler ④其他工具 3）Windows服务器操作系统批量部署和升级操作	（1）方法：讲授法、演示法、案例教学法 （2）重点与难点：Windows服务器操作系统批量部署和升级操作	6

续表

2.1.4 三级 / 高级职业技能培训要求				2.2.4 三级 / 高级职业技能培训课程规范			
职业功能模块（模块）	培训内容（课程）	技能目标	培训细目	学习单元	课程内容	培训建议	课堂学时
2. 修理与维护	2-1 计算机的安装与维护	2-1-2 能实现 Windows 服务器操作系统虚拟化	(1) Windows 服务器操作系统虚拟化的认知 (2) Windows 服务器操作系统虚拟化的实现	(2) Windows 服务器操作系统虚拟化	1）Windows 服务器操作系统虚拟化 ①发展 ②特点 ③主流技术	(1) 方法：讲授法、演示法、案例教学法 (2) 方法：讲与难点：Windows 服务器操作系统虚拟化的实现	4
					2）Windows 服务器操作系统虚拟化的实现		
		2-1-3 能对 Windows 服务器进行日常维护	(1) Windows 服务器日常维护制度的认知 (2) Windows 服务器硬件日常维护 (3) Windows 服务器软件日常维护	(3) Windows 服务器日常维护	1）Windows 服务器日常维护制度的认知 ①种类 ②方法 ③非常规检查等	(1) 方法：讲授法、演示法、案例教学法 (2) 重点与难点：Windows 服务器软件日常维护	3
					2）Windows 服务器硬件日常维护		
					3）Windows 服务器软件日常维护		
		2-1-4 能对 Windows 服务器数据进行备份和恢复操作	(1) 确认 Windows 服务器关键数据 (2) Windows 服务器数据备份策略和方式 (3) Windows 服务器数据的备份和恢复操作	(4) Windows 服务器数据备份和恢复	1）确认 Windows 服务器关键数据 ①业务数据 ②配置信息 ③其他数据	(1) 方法：讲授法、演示法、案例教学法 (2) 重点与难点：Windows 服务器数据备份策略和方式	4
					2）Windows 服务器数据备份策略和方式 ①手动 / 自动备份 ②本地 / 异地备份 ③完全 / 增量 / 差异备份		
					3）Windows 服务器数据的备份和恢复操作 ①自动化软件工具 ②手动操作		

续表

2.1.4 三级 / 高级职业技能培训要求				2.2.4 三级 / 高级职业技能培训课程规范			
职业功能模块（模块）	培训内容（课程）	技能目标	培训细目	学习单元	课程内容	培训建议	课堂学时
2．修理与维护	2-1 计算机的安装与维护	2-1-5 能按照网络配置文件配置 Windows 服务器负载均衡集群、高可用集群及网络部署等网络存储方案	（1）Windows 服务器负载均衡集群配置 （2）Windows 服务器高可用集群配置 （3）Windows 服务器网络部署	（5）配置 Windows 服务器负载均衡集群、高可用集群及网络部署	1）Windows 服务器负载均衡集群配置 ①基本原理 ②DNS 负载均衡 ③代理服务器负载均衡 ④地址转换网关负载均衡 ⑤其他负载均衡配置 ⑥混合负载均衡 2）Windows 服务器高可用集群配置 ①实现原理和基本模型 ②衡量标准和验证方法 ③常用软件 3）Windows 服务器网络部署 ①拓扑设计 ②配置和验证 ③维护 ④升级	（1）方法：讲授法、演示法、案例教学法 （2）重点与难点：Windows 服务器高可用集群配置，Windows 服务器网络部署	10
		2-1-6 能按照网络配置文件完成 Windows 服务器常见服务和应用的安装与配置	（1）部署并行文件系统或分布式文件系统时协助网络技术管理员配置 Windows 服务器相关参数 （2）按照网络配置文件配置 Windows 服务器网络安全策略	（6）按照网络配置文件完成 Windows 服务器常见服务和应用的安装与配置	1）协助网络技术管理员配置 Windows 服务器部署并行文件系统或分布式文件系统时的相关参数	（1）方法：讲授法、演示法、案例教学法	6

续表

2.1.4　三级/高级职业技能培训要求				2.2.4　三级/高级职业技能培训课程规范			
职业功能模块（模块）	培训内容（课程）	技能目标	培训细目	学习单元	课程内容	培训建议	课堂学时
2．修理与维护	2-1　计算机的安装与维护	2-1-6　能按照网络配置文件完成Windows服务器常见服务和应用的安装与配置	(3) 按照网络配置文件根据Windows服务器用户需求实现计划任务控制 (4) 按照网络配置文件配置Windows服务器双机热备实现方案 (5) 根据用户需求按照网络配置文件安装与配置Windows服务器主流数据库软件 (6) 按照网络配置文件实现Windows服务器集中式用户权限统一管理	(6) 按照网络配置文件完成Windows服务器常见服务和应用的安装与配置	2) 协助网络技术管理员配置Windows服务器网络安全策略	(2) 重点与难点：按照网络配置文件完成Windows服务器常见服务和应用的安装与配置	
					3) 协助网络技术管理员实现Windows服务器计划任务控制		
					4) 协助网络技术管理员配置Windows服务器双机热备实现方案		
					5) 协助网络技术管理员安装与配置Windows服务器主流数据库软件		
					6) 协助网络技术管理员配置Windows服务器集中式用户权限统一管理		
	2-2　故障定位	2-2-1　能查验个人计算机部件上外观损坏的器件	(1) 个人计算机机械运动及结构部件上零件外观查验及损坏程度判定	(1) 个人计算机部件上外观损坏器件的查验方法	1) 个人计算机机械运动及结构部件上零件外观查验及损坏程度判定 ①整机外观件、控制面板及按键损伤、磨损情况及功能正常性影响程度 ②计算机内部件支架损伤程度 ③硬盘、风扇组件异响、损伤、磨损情况及功能正常性影响程度 ④其他机械运动及结构部件异响、损伤、磨损情况及功能正常性影响程度	(1) 方法：讲授法、演示法、案例教学法	2

续表

2.1.4　三级 / 高级职业技能培训要求				2.2.4　三级 / 高级职业技能培训课程规范			
职业功能模块（模块）	培训内容（课程）	技能目标	培训细目	学习单元	课程内容	培训建议	课堂学时
2．修理与维护	2-2　故障定位	2-2-1　能查验个人计算机部件上外观损坏的器件	（2）个人计算机电子电器部件上零件外观查验及损坏程度判定	（1）个人计算机部件上外观损坏器件的查验方法	2）个人计算机电子电器部件上零件外观查验及损坏程度判定 ①主板、电源板等电子线路基板及器件触点损伤情况及功能正常性影响程度 ②CPU、南桥、北桥及其他芯片类器件表面及触腿损伤情况及功能正常性影响程度 ③电阻电容电感外观及触腿损伤情况及功能正常性影响程度 ④各类数据线及电器连接线外表皮及插头损伤情况及功能正常性影响程度	（2）重点与难点：个人计算机电子电器部件上零件外观查验及损坏程度判定	
		2-2-2　能根据电路原理图使用万用表、示波器、逻辑分析仪等工具仪表定位个人计算机部件的故障	（1）产品电路原理图的认知 （2）使用仪器仪表判断故障	（2）使用仪器仪表定位个人计算机部件故障	1）产品电路原理图 ①基本符号 ②基本功能电路 2）使用仪器仪表定位个人计算机部件故障 ①万用表 ②示波器 ③逻辑分析仪 ④其他仪表 3）个人计算机部件故障典型案例分析	（1）方法：讲授法、演示法、案例教学法 （2）重点与难点：使用仪器仪表定位个人计算机部件故障	5
		2-2-3　能使用部件替换法确定服务器、专用计算机的故障部件	（1）部件替换法在服务器、专用计算机故障定位中的应用范围	（3）使用部件替换法确定服务器、专用计算机的故障部件	1）部件替换法在服务器、专用计算机故障定位中的应用范围 ①现场操作 ②维修间操作	（1）方法：讲授法、演示法、案例教学法	3

续表

2.1.4　三级 / 高级职业技能培训要求				2.2.4　三级 / 高级职业技能培训课程规范			
职业功能模块（模块）	培训内容（课程）	技能目标	培训细目	学习单元	课程内容	培训建议	课堂学时
2．修理与维护	2-2　故障定位	2-2-3　能使用部件替换法确定服务器、专用计算机的故障部件	（2）部件替换法在服务器、专用计算机故障定位中的实施	（3）使用部件替换法确定服务器、专用计算机的故障部件	2）部件替换法在服务器、专用计算机故障定位中的实施 ①CPU ②内存 ③硬盘 ④电源 ⑤主板 ⑥其他配件	（2）重点与难点：部件替换法在服务器、专用计算机故障定位中的实施	
					3）使用部件替换法对服务器、专用计算机进行故障定位的典型案例		
		2-2-4　能使用配件替换法确定服务器、专用计算机的故障部件	（1）配件替换法在服务器、专用计算机故障定位中的应用范围 （2）配件替换法在服务器、专用计算机故障定位中的实施	（4）使用配件替换法确定服务器、专用计算机的故障部件	1）配件替换法在服务器、专用计算机故障定位中的应用范围	（1）方法：讲授法、演示法、案例教学法 （2）重点与难点：配件替换法在服务器、专用计算机故障定位中的实施	3
					2）配件替换法在服务器、专用计算机故障定位中的实施		
					3）使用配件替换法对服务器、专用计算机进行故障定位的典型案例		
	2-3　故障修复	2-3-1　能排除常见 Windows 服务器操作系统软件及驱动程序问题	Windows 服务器常见操作系统软件及驱动程序问题的排除	（1）Windows 服务器常见操作系统软件及驱动程序问题的排除	1）版本升级	（1）方法：讲授法、演示法、案例教学法 （2）重点与难点：Windows 服务器常见操作系统软件及驱动程序问题的排除	6
					2）漏洞修复		
					3）资源清理		
					4）杀毒		
		2-3-2　能在客户现场更换服务器、特种计算机部件排除主机故障	（1）维修信息和客户现场条件确认	（2）服务器、特种计算机现场部件更换	1）维修信息和客户现场条件确认 ①维修信息 ②客户现场条件	（1）方法：讲授法、演示法、案例教学法	3

续表

2.1.4　三级 / 高级职业技能培训要求				2.2.4　三级 / 高级职业技能培训课程规范			
职业功能模块（模块）	培训内容（课程）	技能目标	培训细目	学习单元	课程内容	培训建议	课堂学时
2．修理与维护	2–3　故障修复	2–3–2　能在客户现场更换服务器、特种计算机部件排除主机故障	（2）服务器、特种计算机现场部件更换	（2）服务器、特种计算机现场部件更换	2）服务器、特种计算机现场部件更换 ①风扇的更换 ②电源的更换 ③硬盘的更换 ④CPU 的更换 ⑤内存的更换 ⑥网卡的更换 ⑦其他部件的更换	（2）重点与难点：服务器、特种计算机现场部件更换	
		2–3–3　能按照网络配置文件调整排除磁盘阵列（RAID）常见故障	（1）磁盘阵列故障原因分析 （2）磁盘阵列故障处理	（3）磁盘阵列（RAID）常见故障分析处理	1）磁盘阵列故障原因分析 ①系统、驱动程序引起的故障 ②软件、硬件故障 ③其他 2）磁盘阵列故障处理 ①系统、驱动程序升级与更新 ②软件、硬件故障检查 ③日志分析 ④ RAID 升级 ⑤其他	（1）方法：讲授法、案例教学法 （2）重点：磁盘阵列故障处理 （3）难点：磁盘阵列故障原因分析	4
		2–3–4　能在客户现场修复典型服务器故障	（1）服务器典型故障现场信息确认 （2）服务器典型故障现场修复	（4）服务器典型故障现场修复	1）服务器典型故障现场信息确认 ①故障现象 ②用户现场环境条件 2）服务器典型故障现场修复 ①供电环境故障 ②网络环境故障 ③散热环境故障 ④其他机房环境故障	（1）方法：讲授法、演示法、案例教学法 （2）重点与难点：服务器典型故障现场修复	6

续表

2.1.4 三级 / 高级职业技能培训要求				2.2.4 三级 / 高级职业技能培训课程规范			
职业功能模块（模块）	培训内容（课程）	技能目标	培训细目	学习单元	课程内容	培训建议	课堂学时
2. 修理与维护	2-3 故障修复	2-3-5 能按照网络配置文件排除 Windows 服务器常见服务和应用问题	（1）按照网络配置文件分析 Windows 服务器系统服务降级问题 （2）按照网络配置文件制定 Windows 服务器系统遭遇黑客攻击、病毒暴发等严重事件时的处理方案 （3）按照网络配置文件对 Windows 服务器产品及信息网络系统的潜在问题进行排除 （4）按照网络配置文件处理 Windows 服务器丢包与延迟问题	（5）按照网络配置文件排除 Windows 服务器常见服务和应用问题	1）Windows 服务器系统服务降级问题分析	（1）方法：讲授法、演示法 （2）重点与难点：按照网络配置文件排除 Windows 服务器常见服务和应用问题	4
					2）Windows 服务器系统遭遇黑客攻击、病毒暴发等严重事件时的处理方案		
					3）Windows 服务器产品及信息网络系统潜在问题的排除		
					4）Windows 服务器丢包与延迟问题的处理		
	2-4 测试与验机	2-4-1 能搭建计算机整机终检环境	（1）计算机整机终检环境搭建 （2）计算机整机终检人力资源配置	（1）计算机整机终检环境搭建	1）计算机整机终检环境搭建 ①硬件环境 ②软件环境	（1）方法：讲授法、演示法、实训法 （2）重点与难点：计算机整机终检环境搭建	2
					2）计算机整机终检人力资源配置 ①岗位设置 ②职责分配 ③团队组建		
		2-4-2 能搭建计算机可修复备件终检及烤机环境	（1）可修复备件终检环境搭建	（2）计算机可修复备件终检及烤机环境搭建	1）计算机可修复备件终检环境搭建 ①硬件环境 ②软件环境 ③文件资料配置	（1）方法：讲授法、演示法、实训法	2

续表

2.1.4 三级 / 高级职业技能培训要求				2.2.4 三级 / 高级职业技能培训课程规范			
职业功能模块（模块）	培训内容（课程）	技能目标	培训细目	学习单元	课程内容	培训建议	课堂学时
2．修理与维护	2-4 测试与验机	2-4-2 能搭建计算机可修复备件终检及烤机环境	（2）可修复备件烤机环境搭建	（2）计算机可修复备件终检及烤机环境搭建	2）计算机可修复备件烤机环境搭建 ①硬件环境 ②软件环境 ③文件资料配置	（2）重点与难点：计算机可修复备件烤机环境搭建	
		2-4-3 能对计算机备件进行终检、烤机和清洁	（1）计算机备件的终检和烤机 （2）计算机备件的清洁	（3）计算机备件的终检、烤机和清洁	1）计算机备件的终检和烤机 ①必要功能测试 ②烤机 2）计算机备件的清洁 ①外观部件 ②机械部件 ③电路部件 ④其他部件	（1）方法：讲授法、演示法、实训法 （2）重点与难点：计算机备件的终检和烤机	2
		2-4-4 能组建计算机备件批量检测团队	（1）计算机备件批量检测团队岗位设置 （2）计算机备件批量检测团队人员配备	（4）计算机备件批量检测团队组建	1）计算机备件批量检测团队岗位设置 ①岗位职责 ②管理制度 2）计算机备件批量检测团队人员配备 ①人员需求 ②人员招聘 ③人员培训	（1）方法：讲授法、演示法、实训法 （2）重点与难点：计算机备件批量检测团队岗位设置	3
		2-4-5 能对修复的 Windows 服务器主机进行基本功能测试	（1）Windows 服务器常规开机状态检测	（5）Windows 服务器修复后的基本功能测试	1）Windows 服务器常规开机状态检测 ①待机时软硬件及各指示灯功能 ②硬盘及风扇等机械运动部件工作声音 ③网络功能基本测试	（1）方法：讲授法、演示法	2

续表

2.1.4 三级 / 高级职业技能培训要求				2.2.4 三级 / 高级职业技能培训课程规范			
职业功能模块（模块）	培训内容（课程）	技能目标	培训细目	学习单元	课程内容	培训建议	课堂学时
2．修理与维护	2–4 测试与验机	2–4–5 能对修复的 Windows 服务器主机进行基本功能测试	（2）Windows 服务器服务请求时的故障排除确认测试 （3）Windows 服务器的烤机测试	（5）Windows 服务器修复后的基本功能测试	2）Windows 服务器服务请求时的故障排除确认测试 ①电子电器类故障修复测试 ②结构件更换后测试 ③软件网络问题解决后测试 3）Windows 服务器的烤机测试 ①服务器主机特定条件的可靠性确认烤机 ②服务器软件和网络问题的重现烤机 ③服务器用户特定业务问题重现烤机	（2）重点与难点：Windows 服务器服务请求时的故障排除确认测试	
3．物料及文件管理	3–1 工具管理	3–1–1 能按计算机维修服务站点相关规定指导和验收本维修服务站点接待区、维修车间设备设施的安装与布置	（1）计算机维修服务站点接待区、维修车间设备设施安装与布置流程、指导规范的认知 （2）安装和布置计算机维修服务站点接待区、维修车间设备设施	（1）计算机维修服务站点设备设施的安装与布置	1）计算机维修服务站点设备设施布置规范 2）计算机维修服务站点设备设施布置操作 ①接待区 ②维修车间	（1）方法：讲授法、演示法、实训法 （2）重点与难点：计算机维修服务站点设备设施布置规范	2
		3–1–2 能按计算机维修服务站点相关规定和规范，管理本维修服务站点的电烙铁、热风枪、示波器、万用表、工具箱等维修设备及工具的采买、折旧、使用和存储	（1）计算机维修服务站点维修设备及工具管理规范的认知	（2）计算机维修服务站点维修设备及工具的管理	1）计算机维修服务站点维修设备及工具管理规范 ①电烙铁 ②热风枪 ③示波器 ④万用表 ⑤工具箱	（1）方法：讲授法、演示法、实训法	2

续表

2.1.4 三级/高级职业技能培训要求				2.2.4 三级/高级职业技能培训课程规范			
职业功能模块（模块）	培训内容（课程）	技能目标	培训细目	学习单元	课程内容	培训建议	课堂学时
3. 物料及文件管理	3–1 工具管理	3–1–2 能按计算机维修服务站点相关规定和规范，管理本维修服务站点的电烙铁、热风枪、示波器、万用表、工具箱等维修设备及工具的采买、折旧、使用和存储	（2）管理计算机维修服务站点维修设备及工具	（2）计算机维修服务站点维修设备及工具的管理	2）计算机维修服务站点维修设备及工具的管理 ①采买和折旧 ②使用和存储	（2）重点与难点：管理维修服务站点维修设备及工具	
	3–2 备件管理	3–2–1 能根据计算机零器件包装及外壳上的文字和图形标识识别零器件的类别、型号、版本、性能等信息，并通过技术资料里的零器件列表查询相应的详细信息	（1）零器件的类别、型号、版本、性能等信息的识别 （2）零器件详细信息查询	（1）计算机零器件标识的识别方法与信息查询	1）计算机零器件识别方法 ①类别 ②型号 ③版本 ④性能	（1）方法：讲授法、实训法 （2）重点与难点：计算机零器件识别方法	2
					2）计算机零器件详细信息查询		
		3–2–2 能规划、指导并监管本维修服务站点故障配件及包装材料的存放、返厂和环保处置	（1）维修服务站点故障配件及包装材料的存放管理	（2）计算机维修服务站点故障配件及包装材料的存放、返厂和环保处置管理	1）维修服务站点故障配件及包装材料的存放管理 ①存放管理文件认知和组织站点员工培训 ②各存放区域设置方法 ③因地制宜设定实施流程 ④常见员工操作问题及案例分析	（1）方法：讲授法、演示法、实训法、案例教学法	2
					2）维修服务站点故障配件及包装材料返厂和环保处置管理 ①返厂和环保处置管理文件认知和组织站点员工培训		

续表

2.1.4　三级 / 高级职业技能培训要求				2.2.4　三级 / 高级职业技能培训课程规范			
职业功能模块（模块）	培训内容（课程）	技能目标	培训细目	学习单元	课程内容	培训建议	课堂学时
3．物料及文件管理	3-2　备件管理	3-2-2　能规划、指导并监管本维修服务站点故障配件及包装材料的存放、返厂和环保处置	（2）维修服务站点故障配件及包装材料返厂和环保处置管理	（2）计算机维修服务站点故障配件及包装材料的存放、返厂和环保处置管理	②常见返厂配件及返厂实施流程设定 ③常见需环保处置料件及实施流程设定 ④常见员工操作问题及案例分析	（2）重点与难点：维修服务站点故障配件及包装材料返厂和环保处置管理	
		3-2-3　能根据规定制订本维修服务站点的备件储存和采购计划并实施	（1）制订维修服务站点的备件储存和采购计划 （2）维修服务站点的备件储存量和采购的日常管理	（3）计算机维修服务站点备件储存和采购计划制订与实施	1）维修服务站点的备件储存和采购计划制订方法 ①备件储存量标准和采购规定的官方文件认知 ②根据本站点具体情况制定安全备件储存量的方法 ③根据本站点具体情况制订或更新备件采购计划的方法	（1）方法：讲授法、演示法、案例教学法 （2）重点与难点：维修服务站点的备件储存量和采购的日常管理	2
					2）维修服务站点的备件储存量和采购的日常管理 ①维修服务站点的备件安全储存量监控与注意事项 ②维修服务站点的备件补库的实施方法 ③维修服务站点的备件采买常见问题及案例分析		
		3-2-4　能按规定流程对本维修服务站点的特殊配件需求或质量问题进行升级	（1）计算机特殊配件需求或质量问题的确定 （2）特殊配件需求或质量问题升级	（4）计算机特殊配件需求或质量问题升级	1）确定计算机特殊配件需求或质量问题	（1）方法：讲授法、演示法、实训法、案例教学法 （2）重点与难点：特殊配件需求或质量问题升级流程	2
					2）特殊配件需求或质量问题升级流程		

续表

2.1.4 三级 / 高级职业技能培训要求				2.2.4 三级 / 高级职业技能培训课程规范			
职业功能模块（模块）	培训内容（课程）	技能目标	培训细目	学习单元	课程内容	培训建议	课堂学时
3．物料及文件管理	3-3 文件资料管理	3-3-1 能按照规范规划本维修服务站点的纸质文件、技术资料及各类单据的摆放、存储位置和方式	规划维修服务站点相关文件的摆放和存储	（1）计算机维修服务站点文件资料摆放和存储规划	1）纸质文件的摆放和存储规划 2）技术资料的摆放和存储规划 3）各类单据的摆放和存储规划	（1）方法：讲授法 （2）重点：各类单据的摆放和存储	2
		3-3-2 能指导五级／初级工、四级／中级工填写纸质和电子维修服务单据，并对服务单据存放的合规性进行监管	（1）指导五级／初级工填写纸质和电子维修服务单据 （2）指导四级／中级工填写纸质和电子维修服务单据 （3）监管服务单据存放合规性	（2）纸质和电子维修服务单据的填写指导	1）计算机纸质维修服务单据填写的常见问题 2）计算机电子维修服务单据录入的常见问题	（1）方法：讲授法、演示法、案例教学法 （2）重点与难点：计算机电子维修服务单据录入的常见问题	2
		3-3-3 能按规定确定本维修服务站点五级／初级工、四级／中级工使用计算机主机、备件技术资料和文件的权限并进行监管	（1）认知维修服务站点技术资料和文件使用权限及保密制度 （2）监管维修服务站点员工技术资料和文件日常使用	（3）计算机维修服务站点技术资料和文件使用权限的确定和监管	1）维修服务站点技术资料和文件使用权限及保密制度认知 2）维修服务站点员工技术资料和文件日常使用的监管 ①接收技术资料和文件 ②存放和使用技术资料和文件 ③更新和销毁技术资料和文件 ④常见问题和案例分析	（1）方法：讲授法、案例教学法 （2）重点与难点：维修服务站点员工技术资料和文件日常使用的监管	2
		3-3-4 能按规定确定本维修服务站点五级／初级工、四级／中级工保存、查看、上传和下载维修服务数据及用户数据的权限并进行监管	（1）认知维修服务站点维修服务数据及用户数据使用权限及保密制度	（4）计算机维修服务站点维修服务数据及用户数据的日常监管	1）维修服务站点维修服务数据及用户数据使用权限及保密制度认知	（1）方法：讲授法、案例教学法	2

续表

2.1.4　三级 / 高级职业技能培训要求				2.2.4　三级 / 高级职业技能培训课程规范			
职业功能模块（模块）	培训内容（课程）	技能目标	培训细目	学习单元	课程内容	培训建议	课堂学时
3．物料及文件管理	3–3　文件资料管理	3–3–4　能按规定确定本维修服务站点五级 / 初级工、四级 / 中级工保存、查看、上传和下载维修服务数据及用户数据的权限并进行监管	（2）维修服务站点员工维修服务数据及用户数据日常使用的监管	（4）计算机维修服务站点维修服务数据及用户数据的日常监管	2）维修服务站点员工维修服务数据及用户数据日常使用的监管 ①接收维修服务数据及用户数据 ②存储更新和查看维修服务数据及用户数据 ③对内、对外发送维修服务数据及用户数据 ④销毁维修服务数据及用户数据 ⑤常见问题和案例分析	（2）重点与难点：维修服务站点员工维修服务数据及用户数据日常使用的监管	
4．维修体系管理	4–1　维修服务网络建设和管理	4–1–1　能根据计算机维修服务站点设立标准，规划或改进本维修服务站点的建设方案	（1）维修服务站点设立标准和建设方案的认知 （2）规划和改进本维修服务站点建设方案	（1）计算机维修服务站点建设方案的规划或改进	1）维修服务站点设立标准和建设方案 ①空间布局设计方案 ②站点设立标准 ③站点建设方案 2）维修服务站点建设方案的规划和改进 ①分析未来业务需求 ②制定空间布局优化方案 ③制定改进方案	（1）方法：讲授法、案例教学法 （2）重点与难点：维修服务站点建设方案的规划和改进	2
		4–1–2　能根据计算机维修服务相关实施规定安排本维修服务站点工作人员的岗位，管理维修服务运行流程	（1）认知维修服务站点岗位设立标准和岗位人员安排准则	（2）安排计算机维修服务站点工作人员岗位及管理维修服务运行流程	1）维修服务站点岗位设立标准和岗位人员安排准则 ①岗位设立标准 ②人员安排准则 ③维修服务运行流程	（1）方法：讲授法、案例教学法	3

续表

2.1.4 三级 / 高级职业技能培训要求				2.2.4 三级 / 高级职业技能培训课程规范			
职业功能模块（模块）	培训内容（课程）	技能目标	培训细目	学习单元	课程内容	培训建议	课堂学时
4．维修体系管理	4-1 维修服务网络建设和管理	4-1-2 能根据计算机维修服务相关实施规定安排本维修服务站点工作人员的岗位，管理维修服务运行流程	（2）安排本维修服务站点工作人员的岗位 （3）管理维修服务运行流程	（2）安排计算机维修服务站点工作人员岗位及管理维修服务运行流程	2）安排本维修服务站点工作人员的岗位 ①业务运营 ②维修 ③物料管理和仓储 ④协调和接待 3）维修服务运行流程管理 ①监督和考核日常业务实施流程 ②监督和考核日常业务操作规范 ③监督和考核日常业务运行指标 ④日常业务问题改善	（2）重点与难点：维修服务运行流程管理	
		4-1-3 能在本维修服务站点部署计算机维修服务信息系统及App等维修网络在线工具，指导五级／初级工、四级／中级工完成注册、登录和权限内的正确使用	（1）认知计算机维修服务信息系统在维修服务站点的部署方法和管理规定	（3）计算机维修服务信息系统部署	1）计算机维修服务信息系统及App在维修服务站点的部署方法和管理规定 ①计算机维修服务信息系统及App使用方法 ②计算机维修服务信息系统及App管理规定 ③计算机维修服务信息系统及App部署方法和规范 2）部署计算机维修服务信息系统及App等维修网络在线工具 ①部署方案 ②部署环境和部署设备搭建 ③计算机维修服务信息系统及App部署运行测试 ④管理规定	（1）方法：讲授法、案例教学法	3

续表

2.1.4 三级 / 高级职业技能培训要求				2.2.4 三级 / 高级职业技能培训课程规范			
职业功能模块（模块）	培训内容（课程）	技能目标	培训细目	学习单元	课程内容	培训建议	课堂学时
4．维修体系管理	4-1 维修服务网络建设和管理	4-1-3 能在本维修服务站点部署计算机维修服务信息系统及App等维修网络在线工具，指导五级/初级工、四级/中级工完成注册、登录和权限内的正确使用	(2) 进行计算机专用维修服务信息系统及App工具部署 (3) 指导五级/初级工、四级/中级工进行计算机专用维修服务信息系统及App工具使用	(3) 计算机维修服务信息系统部署	3) 计算机维修服务信息系统及App工具使用指导 ①注册 ②登录 ③权限 ④功能 ⑤使用方法	(2) 重点与难点：部署计算机维修服务信息系统及App等维修网络在线工具	
	4-2 培训与指导	4-2-1 能对本维修服务站点五级/初级工、四级/中级工现场维修服务操作进行示范与指导	(1) 认知计算机维修服务技能操作规范常见问题及指导技巧 (2) 认知四级/中级工用户现场服务常见问题和远程技术支持方法与技巧 (3) 示范与指导维修服务站点五级/初级工、四级/中级工现场维修服务操作	(1) 现场维修服务操作示范与指导	1) 计算机维修服务操作规范、常见问题及指导技巧 ①操作规范 ②常见问题 ③培训指导技巧 2) 用户现场服务常见问题和远程技术支持方法与技巧 ①远程技术支持方法 ②远程技术支持技巧	(1) 方法：讲授法、案例教学法 (2) 重点与难点：本维修服务站点现场维修服务操作的示范和指导	2
		4-2-2 能根据安保规定对五级/初级工、四级/中级工涉及安全生产的操作行为进行示范和指导	(1) 认知计算机维修服务安全生产的操作行为常见问题和应对方案 (2) 进行对五级/初级工、四级/中级工安全生产操作行为的示范和指导	(2) 安全生产操作示范与指导	1) 安全生产操作规范 2) 安全生产操作指导要点与技巧	(1) 方法：讲授法、案例教学法 (2) 重点与难点：安全生产操作行为的示范和指导	2

续表

2.1.4 三级 / 高级职业技能培训要求				2.2.4 三级 / 高级职业技能培训课程规范			
职业功能模块（模块）	培训内容（课程）	技能目标	培训细目	学习单元	课程内容	培训建议	课堂学时
4．维修体系管理	4-2 培训与指导	4-2-3 能对五级 / 初级工、四级 / 中级工在维修工具、仪器仪表使用技能方面进行指导	(1) 认知各类工具、仪器仪表的培训计划和培训指导规范 (2) 五级 / 初级工、四级 / 中级工维修工具、仪器仪表使用技能的指导	(3) 维修工具、仪器仪表使用技能指导	1) 各类工具、仪器仪表的培训计划和培训指导规范 ①培训计划 ②培训方案 ③培训技巧	(1) 方法：讲授法、案例教学法 (2) 重点与难点：维修工具、仪器仪表使用指导	2
					2) 维修工具、仪器仪表使用技能的指导		
5．数据分析与研究	5-1 数据收集	5-1-1 能根据规定定期收集本维修服务站点的维修服务单据、零配件和物料的领用与回收单据等	(1) 认知计算机维修服务站点定期收集单据制度 (2) 维修服务站点维修服务单据和物料领用与回收单据收集整理	(1) 计算机维修服务站点定期收集单据制度	1) 计算机维修服务站点定期收集单据制度的意义 ①维修服务原始数据 ②维修服务质量原始信息 ③维修服务成本原始数据 ④其他意义	(1) 方法：讲授法、案例教学法 (2) 重点：计算机维修服务站点定期收集单据制度的意义 (3) 难点：维修服务站点维修服务单据和物料领用与回收单据收集整理	2
					2) 维修服务站点维修服务单据和物料领用与回收单据收集整理 ①维修服务类单据 ②物料类单据		
		5-1-2 能使用计算机维修服务信息系统或移动 App 审批、查验、核实本维修服务站点的电子维修单据，以及零配件和物料的领用与回收单据等	(1) 使用在线系统工具审批、查验、核实计算机维修服务站点各类电子化单据	(2) 使用专用在线系统工具管理计算机维修服务站点各类单据	1) 在线系统工具审批、查验、核实计算机维修服务站点各类电子化单据 ①相应的角色和权限常规设置 ②计算机维修服务系统的常规操作流程 ③移动 App 的常规操作流程	(1) 方法：讲授法、案例教学法	3

续表

2.1.4 三级 / 高级职业技能培训要求				2.2.4 三级 / 高级职业技能培训课程规范			
职业功能模块（模块）	培训内容（课程）	技能目标	培训细目	学习单元	课程内容	培训建议	课堂学时
5. 数据分析与研究	5-1 数据收集	5-1-2 能使用计算机维修服务信息系统或移动App审批、查验、核实本维修服务站点的电子维修单据，以及零配件和物料的领用与回收单据等	（2）认知在线审批、查验、核实计算机维修服务站点各类电子化单据的特点	（2）使用专用在线系统工具管理计算机维修服务站点各类单据	2）在线审批、查验、核实计算机维修服务站点各类电子化单据的特点 ①维修服务单据 ②零配件领用单据 ③维修服务工具及设备领用单据 ④故障配件回收单据 ⑤其他物料领用和回收单据	（2）重点难点：在线审批、查验、核实计算机维修服务站点各类电子化单据的特点	
		5-1-3 能根据规定制作本维修服务站点的维修报表	（1）认知计算机维修服务站点常用报表 （2）制作计算机维修服务站点报表	（3）计算机维修服务站点常用报表的制作	1）计算机维修服务站点常用报表 ①维修服务单据统计报表 ②零配件消耗和库存报表 ③服务与产品质量跟踪类报表 ④维修服务成本统计类报表 ⑤客户满意度及其他类型报表	（1）方法：讲授法、案例教学法 （2）重点：计算机维修服务站点常用报表 （3）难点：计算机维修服务站点报表的制作方法	3
					2）计算机维修服务站点报表的制作方法 ①在线系统自动生成或抓取 ②手工制作 ③混合型制作		
	5-2 问题分析与研究	5-2-1 能根据问题升级机制的相关规定，使用专业语言上报本站点维修服务中遇到的非常规问题	（1）界定计算机维修服务中的非常规问题	（1）升级计算机维修服务非常规问题	1）计算机维修服务非常规问题的界定 ①突发的技术事件 ②高服务级别客户诉求无法满足 ③其他没有预案的维修服务问题	（1）方法：讲授法、案例教学法	3

续表

2.1.4 三级 / 高级职业技能培训要求				2.2.4 三级 / 高级职业技能培训课程规范			
职业功能模块（模块）	培训内容（课程）	技能目标	培训细目	学习单元	课程内容	培训建议	课堂学时
5．数据分析与研究	5-2 问题分析与研究	5-2-1 能根据问题升级机制的相关规定，使用专业语言上报本站点维修服务中遇到的非常规问题	（2）编写计算机维修服务非常规问题升级报告并实施升级操作	（1）升级计算机维修服务非常规问题	2）计算机维修服务非常规问题升级报告的编写要求 ①行业及企业内部通用专业用语 ②报告结构全面、逻辑合理 ③问题或事件描述精练且目的性强 ④相关人员责任清晰	（2）重点与难点：计算机维修服务非常规问题升级报告的编写要求	
					3）计算机维修服务非常规问题升级实施 ①升级受理人的确定 ②升级流程和途径 ③升级的时效性 ④信息反馈跟踪		
		5-2-2 能在二级 / 技师的指导下搭建技术测试和数据收集环境，并对技术测试与数据收集等维修服务方案的实施研究辅助工作	（1）理解计算机技术测试和数据收集环境搭建方案 （2）执行计算机技术测试及数据收集的研究辅助工作	（2）计算机技术测试及数据收集等辅助研究	1）计算机技术测试和数据收集环境搭建的常规方式 ①主机与附件性能测试或烤机环境 ②料件性能测试或烤机环境 ③软件适用性测试环境 ④指定使用环境	（1）方法：讲授法、案例教学法 （2）重点：计算机技术测试和数据收集环境搭建的常规方式 （3）难点：计算机技术测试及数据收集的研究辅助工作	6
					2）计算机技术测试及数据收集的研究辅助工作 ①软硬件环境搭建 ②现场数据收集及监控 ③远程数据收集及监控 ④填写报告数据及信息收集栏		
课堂学时合计							155

附录 5　二级 / 技师职业技能培训要求与课程规范对照表

2.1.5　二级 / 技师职业技能培训要求				2.2.5　二级 / 技师职业技能培训课程规范			
职业功能模块（模块）	培训内容（课程）	技能目标	培训细目	学习单元	课程内容	培训建议	课堂学时
1．修理与维护	1-1　计算机的安装与维护	1-1-1　能对 Linux 服务器操作系统软件和驱动程序进行安装及更新	（1）Linux 服务器操作系统软件的安装及更新 （2）Linux 服务器操作系统驱动程序的安装及更新	（1）Linux 服务器操作系统软件与驱动程序的安装及更新	1）常见 Linux 服务器操作系统软件发行版安装及更新 ①Debian ②Ubuntu ③OpenSUSE ④Fedora ⑤CentOS 2）基于 Linux 的国产服务器操作系统软件安装及更新 ①红旗 Linux ②UOS 统信 ③中标麒麟 ④银河麒麟 3）其他 Linux 服务器操作系统软件安装与系统驱动程序的安装及更新	（1）方法：讲授法、演示法、案例教学法 （2）重点与难点：常见 Linux 服务器操作系统软件的安装及更新	4
		1-1-2　能对 Linux 服务器进行日常维护	（1）Linux 服务器日常维护制度的认知 （2）Linux 服务器的硬件日常维护 （3）Linux 服务器的软件日常维护	（2）Linux 服务器的日常维护	1）Linux 服务器日常维护制度的认知 ①种类 ②方法 ③非常规检查等 2）Linux 服务器的硬件日常维护 3）Linux 服务器的软件日常维护	（1）方法：讲授法、演示法、案例教学法 （2）重点与难点：Linux 服务器的软件日常维护	3
		1-1-3　能对 Linux 服务器操作系统应用常见软硬件进行配置	（1）Linux 服务器操作系统应用常见软件配置	（3）Linux 服务器操作系统应用常见软硬件配置	1）Linux 服务器初始安装常用硬件配置 ①CPU 资源配置 ②硬盘资源配置 ③其他硬件配置	（1）方法：讲授法、演示法	4

续表

2.1.5 二级 / 技师职业技能培训要求				2.2.5 二级 / 技师职业技能培训课程规范			
职业功能模块（模块）	培训内容（课程）	技能目标	培训细目	学习单元	课程内容	培训建议	课堂学时
1. 修理与维护	1-1 计算机的安装与维护	1-1-3 能对Linux服务器操作系统应用常见软硬件进行配置	（2）Linux服务器硬件配置	（3）Linux服务器操作系统应用常见软硬件配置	2）Linux服务器初始安装常用软件配置 ①本机使用权限配置 ②网络配置 ③防火墙配置 ④其他软件配置	（2）重点与难点：Linux服务器初始安装常用软件配置	
		1-1-4 能实现Linux服务器操作系统虚拟化	（1）Linux服务器操作系统虚拟化的认知 （2）Linux服务器操作系统虚拟化实现	（4）Linux服务器操作系统虚拟化	1）Linux服务器操作系统虚拟化 ①发展 ②特点 ③主流技术 2）Linux服务器操作系统虚拟化实现 ①chroot ②LXC ③Docker ④Linux Vserver ⑤Virtuozzo/OpenVZ	（1）方法：讲授法、演示法、案例教学法 （2）重点与难点：Linux服务器操作系统虚拟化实现	4
		1-1-5 能按照网络配置文件对用户Linux服务器环境进行批量操作系统的部署和升级	（1）Linux服务器操作系统批量部署的认知 （2）Linux服务器操作系统批量部署和升级操作	（5）Linux服务器环境批量操作系统部署和升级	1）Linux服务器操作系统批量部署 ①自动化运维概念 ②软硬件要求 2）Linux服务器操作系统批量部署常用软件工具 ①WDS服务 ②kickstart ③Cobbler ④其他工具 3）Linux服务器操作系统批量部署和升级操作	（1）方法：讲授法、演示法、案例教学法 （2）重点与难点：Linux服务器操作系统批量部署和升级操作	6
		1-1-6 能对Linux服务器数据进行备份和恢复操作	（1）确认Linux服务器关键数据	（6）Linux服务器数据备份和恢复	1）确认Linux服务器关键数据 ①业务数据 ②配置信息 ③其他数据	（1）方法：讲授法、演示法、案例教学法	4

续表

2.1.5 二级 / 技师职业技能培训要求				2.2.5 二级 / 技师职业技能培训课程规范			
职业功能模块（模块）	培训内容（课程）	技能目标	培训细目	学习单元	课程内容	培训建议	课堂学时
1. 修理与维护	1-1 计算机的安装与维护	1-1-6 能对 Linux 服务器数据进行备份和恢复操作	（2）Linux 服务器备份策略和方式 （3）Linux 服务器数据的备份和恢复操作	（6）Linux 服务器数据备份和恢复	2）Linux 服务器备份策略和方式 ①手动 / 自动备份 ②本地 / 异地备份 ③完全 / 增量 / 差异备份 3）Linux 服务器数据的备份和恢复操作 ①自动化软件工具 ②手动操作	（2）重点与难点：Linux 服务器备份策略和方式	
		1-1-7 能按照网络配置文件配置 Linux 服务器负载均衡集群、高可用集群及网络部署等网络存储方案	（1）Linux 服务器负载均衡集群配置 （2）Linux 服务器高可用集群配置 （3）Linux 服务器网络部署	（7）配置 Linux 服务器负载均衡集群、高可用集群及网络存储方案	1）Linux 服务器负载均衡集群配置 ①基本原理 ②DNS 负载均衡 ③代理服务器负载均衡 ④地址转换网关负载均衡 ⑤其他负载均衡配置 ⑥混合负载均衡 2）Linux 服务器高可用集群配置 ①实现原理和基本模型 ②衡量标准和验证方法 ③常用软件 3）Linux 服务器网络部署 ①拓扑设计 ②配置和验证 ③维护 ④升级	（1）方法：讲授法、演示法、案例教学法 （2）重点与难点：Linux 服务器高可用集群配置，服务器网络部署	10
		1-1-8 能按照网络配置文件实现 Linux 服务器常见服务和应用的安装与配置	（1）部署并行文件系统或分布式文件系统时，按照网络配置文件配置 Linux 服务器相关参数	（8）按照网络配置文件实现 Linux 服务器常见服务和应用的安装与配置	1）Linux 服务器部署并行文件系统或分布式文件系统的相关参数配置	（1）方法：讲授法、演示法、案例教学法	6

续表

2.1.5　二级 / 技师职业技能培训要求				2.2.5　二级 / 技师职业技能培训课程规范			
职业功能模块（模块）	培训内容（课程）	技能目标	培训细目	学习单元	课程内容	培训建议	课堂学时
1．修理与维护	1-1　计算机的安装与维护	1-1-8　能按照网络配置文件实现Linux服务器常见服务和应用的安装与配置	（2）按照网络配置文件配置Linux服务器双机热备方案 （3）按照网络配置文件集中式Linux服务器用户权限统一管理 （4）按照网络配置文件根据Linux服务器用户需求实现计划任务控制 （5）根据用户需求按照网络配置文件安装和设置Linux服务器主流数据库软件 （6）按照网络配置文件配置Linux服务器网络安全策略	（8）按照网络配置文件实现Linux服务器常见服务和应用的安装与配置	2）Linux服务器双机热备方案配置 3）集中式Linux服务器用户权限统一管理的实现 4）Linux服务器的计划任务控制 5）Linux服务器主流数据库软件的安装和设置 6）Linux服务器网络安全策略	（2）重点与难点：按照网络配置文件完成Linux服务器常见服务和应用的安装与配置	
	1-2　故障修复	1-2-1　能排除常见Linux服务器操作系统软件及驱动程序问题	Linux服务器常见操作系统软件及驱动程序问题的排除	（1）Linux服务器操作系统软件及驱动程序问题的定位和排除	1）版本升级 2）漏洞修复 3）资源清理 4）杀毒	（1）方法：讲授法、演示法、案例教学法 （2）重点与难点：Linux服务器常见操作系统软件及驱动程序问题的排除方法	2
		1-2-2　能在用户现场使用配件替换法排除专用服务器及特殊功能辅助设备的故障，并完成相应调试	（1）在用户现场使用配件热替换法修复专用服务器及特殊功能辅助设备	（2）在用户现场使用配件热替换法修复专用服务器及特殊功能辅助设备	1）超净台使用方法 2）在用户现场使用配件热替换法修复专用服务器及特殊功能辅助设备	（1）方法：讲授法、案例教学法	4

续表

2.1.5 二级 / 技师职业技能培训要求				2.2.5 二级 / 技师职业技能培训课程规范			
职业功能模块（模块）	培训内容（课程）	技能目标	培训细目	学习单元	课程内容	培训建议	课堂学时
1．修理与维护	1–2 故障修复	1-2-2 能在用户现场使用配件替换法排除专用服务器及特殊功能辅助设备的故障，并完成相应调试	（2）在用户现场中断故障服务器运行并更换配件	（2）在用户现场使用配件热替换法修复专用服务器及特殊功能辅助设备	①可热替换服务器配件的认知 ②客户数据备份及业务安全机制考量 ③服务器操作系统热替换相关技术要求 ④服务器运行现场环境热替换可行性确认 ⑤各类服务器配件的热插拔操作方法	（2）重点与难点：在用户现场使用配件热替换法修复专用服务器及特殊功能辅助设备	
					3）在用户现场中断故障服务器运行更换配件 ①确认故障服务器或特殊功能辅助设备停机是否会影响客户业务运行情况 ②故障服务器停止运行会影响客户业务正常运行时的注意事项 ③服务器停机用户现场维修服务客户沟通技巧		
		1-2-3 能根据厂商技术资料和故障定位检测结果，使用电烙铁、热风枪、吸锡器、锡炉、BGA焊接台等工具替换电子线路板等电子电器部件上的电子元器件	（1）使用计算机电子电器技术资料	（3）替换计算机电子电器部件上的电子元器件	1）使用计算机电子电器技术资料 ①计算机厂商官方电器逻辑图的运用 ②计算机厂商官方各电子电器部件电路图的运用	（1）方法：讲授法、案例教学法	4

续表

2.1.5　二级 / 技师职业技能培训要求				2.2.5　二级 / 技师职业技能培训课程规范			
职业功能模块（模块）	培训内容（课程）	技能目标	培训细目	学习单元	课程内容	培训建议	课堂学时
1．修理与维护	1–2　故障修复	1–2–3　能根据厂商技术资料和故障定位检测结果，使用电烙铁、热风枪、吸锡器、锡炉、BGA焊接台等工具替换电子线路板等电子电器部件上的电子元器件	（2）计算机电子电器部件典型元器件级替换维修 （3）计算机元器件级替换维修的注意事项	（3）替换计算机电子电器部件上的电子元器件	③计算机厂商官方各电气信号及数据流程说明资料的运用 ④其他电子电器技术资料的辅助运用 2）机械硬盘拆装 3）计算机电子电器部件典型元器件级替换维修 ①更换CPU底座 ②更换南、北桥 ③更换计算机主板上的其他元器件 ④更换电源模块上的元器件 ⑤更换电气线缆和其他部件上的电子元器件 4）计算机元器件级替换维修的注意事项 ①替换元器件型号或兼容性确认 ②拆卸元器件并避免损伤基板焊盘 ③故障定位信息确认及有条件的故障再现 ④焊接完毕后仔细确认焊接点、腿焊接状态，避免不必要的短路损坏 ⑤焊锡、焊珠、松油等焊接辅助材料主要用量用法 ⑥过孔、飞线的使用后清理	（2）重点与难点：计算机电子电器部件典型元器件级替换维修	

续表

2.1.5 二级 / 技师职业技能培训要求				2.2.5 二级 / 技师职业技能培训课程规范			
职业功能模块（模块）	培训内容（课程）	技能目标	培训细目	学习单元	课程内容	培训建议	课堂学时
1. 修理与维护	1-2 故障修复	1-2-4 能根据批量配件或组件修复流程技术资料，在元器件级维修翻新工厂组织团队批量修复回收的故障服务器配件和组件	(1) 认知计算机元器件级维修翻新后配件或整机常规质量标准 (2) 安排计算机主要电子部件批量修复和翻新典型设备设施及岗位	(4) 在计算机元器件级维修翻新工厂批量修复故障配件和组件	1) 计算机元器件级维修翻新后配件或整机常规质量标准 ①功能正常外观有瑕疵但不影响使用 ②功能正常外观无瑕疵	(1) 方法：讲授法、案例教学法 (2) 重点与难点：计算机主要电子部件批量修复和翻新典型设备设施及岗位安排	4
					2) 计算机主要电子部件批量修复和翻新典型设备设施及岗位安排 ①计算机主板 ②计算机电源模块 ③显示器 ④硬盘及其他可维修翻新配件		
		1-2-5 能按照网络配置文件解决 Linux 服务器常见服务和应用问题	(1) 定位和处理 Linux 服务器丢包与延迟问题 (2) 按照网络配置文件分析 Linux 服务器系统服务降级问题的原因并解决问题 (3) 按照网络配置文件对 Linux 服务器系统遭遇黑客攻击、病毒暴发等严重问题进行排除 (4) 按照网络配置文件对 Linux 服务器系统产品及信息网络系统的潜在问题进行解决	(5) 按照网络配置文件排除 Linux 服务器常见服务和应用问题	1) Linux 服务器丢包与延迟问题的定位和处理	(1) 方法：讲授法、案例教学法 (2) 重点与难点：按照网络配置文件排除 Linux 服务器常见服务和应用问题	4
					2) Linux 服务器系统服务降级问题的分析和解决		
					3) Linux 服务器系统遭遇黑客攻击、病毒暴发等严重事件时的处理方案		
					4) Linux 服务器系统产品及信息网络系统的潜在问题的排除		

续表

2.1.5　二级 / 技师职业技能培训要求				2.2.5　二级 / 技师职业技能培训课程规范			
职业功能模块（模块）	培训内容（课程）	技能目标	培训细目	学习单元	课程内容	培训建议	课堂学时
1．修理与维护	1–3　测试与验机	1–3–1　能根据技术资料领导团队搭建计算机或其备件的烤机环境并执行测试	（1）管理计算机整机产品的烤机工作 （2）管理计算机备件烤机工作	（1）计算机或其备件的烤机工作的管理	1）计算机整机产品烤机工作的管理 ①个人计算机整机烤机环境搭建、团队组织及执行监管 ②服务器整机烤机环境搭建、团队组织及执行监管 ③客户业务环境（或模拟）下的计算机产品烤机工作的管理	（1）方法：讲授法、案例教学法 （2）重点与难点：计算机备件烤机工作的管理	2
					2）计算机备件烤机工作的管理 ①计算机主板烤机环境搭建、团队组织及执行监管 ②计算机电源模块烤机环境搭建、团队组织及执行监管 ③计算机显示器烤机环境搭建、团队组织及执行监管 ④计算机硬盘烤机环境搭建、团队组织及执行监管 ⑤计算机网卡、显卡以及各种扩展卡烤机环境搭建、团队组织及执行监管 ⑥计算机产品兼容配件烤机工作的管理		

续表

2.1.5　二级 / 技师职业技能培训要求				2.2.5　二级 / 技师职业技能培训课程规范			
职业功能模块（模块）	培训内容（课程）	技能目标	培训细目	学习单元	课程内容	培训建议	课堂学时
1．修理与维护	1–3　测试与验机	1–3–2　能根据批量配件或组件终检（好备件入库）流程技术资料，在计算机元器件级维修翻新工厂组织团队对修复翻新后的计算机配件和组件进行入库前批量终检	（1）认知维修翻新后备件入库前终检的意义	（2）计算机元器件级维修翻新工厂终检管理	1）维修翻新后备件入库前终检的意义 ①不同质量标准的维修翻新后备件入库 ②不同服务模式和级别所对应维修翻新后备件 2）典型维修翻新备件终检实施管理方法 ①主板的终检标准、岗位安排及操作流程监管 ②电源模块的终检标准、岗位安排及操作流程监管 ③CPU的终检标准、岗位安排及操作流程监管 ④显示器的终检标准、岗位安排及操作流程监管 ⑤内存条的终检标准、岗位安排及操作流程监管 ⑥网卡、显卡以及各种扩展卡的终检标准、岗位安排及操作流程监管 ⑦个人计算机整机的终检标准、岗位安排及操作流程监管	（1）方法：讲授法、案例教学法	2

续表

2.1.5 二级 / 技师职业技能培训要求				2.2.5 二级 / 技师职业技能培训课程规范			
职业功能模块（模块）	培训内容（课程）	技能目标	培训细目	学习单元	课程内容	培训建议	课堂学时
1. 修理与维护	1-3 测试与验机	1-3-2 能根据批量配件或组件终检（好备件入库）流程技术资料，在计算机元器件级维修翻新工厂组织团队对修复翻新后的计算机配件和组件进行入库前批量终检	（2）典型维修翻新备件终检实施管理	（2）计算机元器件级维修翻新工厂终检管理	⑧服务器整机的终检标准、岗位安排及操作流程监管 ⑨兼容配件及特殊项目需求对应的终检工作管理	（2）重点与难点：典型维修翻新备件终检实施管理方法	
		1-3-3 能对修复的Linux服务器进行外观完备性确认	Linux服务器软件完备性确认	（3）修复后的Linux服务器外观完备性确认	Linux服务器软件完备性确认	（1）方法：讲授法、案例教学法 （2）重点与难点：Linux服务器软件完备性确认方法	2
		1-3-4 能对修复的Linux服务器主机进行基本功能测试	（1）Linux服务器主机故障点修复确认 （2）Linux服务器基本功能确认	（4）Linux服务器修复后的功能测试	1）Linux服务器服务请求时的故障排除确认测试 ①电子电器类故障修复测试 ②结构件更换后测试 ③软件网络问题解决后测试 2）Linux服务器的烤机测试 ①服务器主机特定条件的可靠性确认烤机 ②服务器软件和网络问题的重现烤机 ③服务器用户特定业务问题重现烤机	（1）方法：讲授法、演示法 （2）重点与难点：Linux服务器主机故障点修复确认	2

续表

2.1.5　二级 / 技师职业技能培训要求				2.2.5　二级 / 技师职业技能培训课程规范			
职业功能模块（模块）	培训内容（课程）	技能目标	培训细目	学习单元	课程内容	培训建议	课堂学时
2．物料及文件管理	2-1　工具管理	2-1-1　能按计算机维修服务相关规定，指导和验收元器件级维修翻新工厂的安防、消防、防静电、存贮、转运等设备设施的安装与布置	（1）元器件级维修翻新工厂设备设施的安装和布置规范的认知 （2）指导和验收相关设备设施的安装与布置	（1）元器件级维修翻新工厂设备设施的安装与布置	1）元器件级维修翻新工厂设备设施的安装和布置规范 ①安防 ②消防 ③防静电器具 ④设备设施的存贮、转运	（1）方法：讲授法、演示法、实训法 （2）重点：指导和验收设备设施的安装与布置	2
					2）验收元器件级维修翻新工厂设备设施的安装与布置注意事项		
		2-1-2　能按照计算机维修服务站点相关规定和规范，监管维修服务网络各级站点内服务设备设施、维修用仪器仪表、个人维修工具的使用和保管状态	（1）计算机维修服务网络维修设备及工具分级配备标准及管理规范的认知 （2）监管维修服务网络各级站点内服务设备设施、维修用仪器仪表、个人维修工具的使用和保管状态	（2）维修设备及工具分级配备标准及管理规范	1）计算机维修服务网络维修设备及工具分级配备标准 ①服务设备设施 ②维修用仪器仪表 ③个人维修工具	（1）方法：讲授法、演示法、实训法、案例教学法 （2）重点：计算机维修服务网络维修设备及工具分级配备管理规范	2
					2）计算机维修服务网络维修设备及工具分级配备管理规范		
	2-2　备件管理	2-2-1　能根据规定、计算机产品技术资料及历史数据制定或修订计算机维修服务网络中各级站点的备机、备件的采购和库存标准并监督执行	（1）全维修服务网络中各级站点的备机、备件的采购和库存标准的制定或修订 （2）全维修服务网络中各级站点的备机、备件的采购和库存标准的监督执行	（1）计算机维修服务网络各级站点备件、备机采购和库存标准制定与实施	1）计算机维修服务网络各级站点备机、备件采购和库存标准制定	（1）方法：讲授法、演示法、实训法、案例教学法 （2）重点与难点：计算机维修服务网络各级站点备机、备件采购和库存标准监督执行要点	2
					2）计算机维修服务网络各级站点备机、备件的采购和库存标准监督执行要点		

续表

2.1.5 二级 / 技师职业技能培训要求				2.2.5 二级 / 技师职业技能培训课程规范			
职业功能模块（模块）	培训内容（课程）	技能目标	培训细目	学习单元	课程内容	培训建议	课堂学时
2．物料及文件管理	2-2 备件管理	2-2-2 能按照规定和流程对突发备件短缺或批量质量问题进行升级，并负责按照上级指示在维修服务网络实施应急处置方案	（1）突发备件短缺或批量质量问题的升级 （2）应急处置方案实施	（2）计算机维修服务突发事件应急处置方案	1）突发备件短缺或批量质量问题升级流程 2）应急处置方案实施	（1）方法：讲授法、案例教学法 （2）重点：计算机维修服务突发事件应急处置方案实施	2
	2-3 文件资料管理	2-3-1 能按规定制定或修订计算机维修服务网络中各级站点的纸质技术资料、维修服务宣传材料及各类单据的摆放、存储和保管的标准并监督执行	（1）制定或修订全维修服务网络中各级站点资料管理标准 （2）文件资料管理的监督执行	（1）各级站点维修服务相关文件资料管理办法	1）维修服务技术资料管理办法 2）维修服务宣传材料管理办法 3）维修服务各类单据管理办法 4）文件资料管理办法监督执行	（1）方法：讲授法、演示法、实训法、案例教学法 （2）重点：维修服务各类单据管理办法	2
		2-3-2 能按规定监管计算机维修服务网络中各级服务站点工作人员使用技术资料和文件的合规性	监管计算机维修服务网络中各级服务站点三级 / 高级工及以下级别人员的技术资料和文件使用权限	（2）计算机维修服务站点三级 / 高级工及以下级别人员技术资料和文件使用权限规定	1）规范对象 2）权限内容	（1）方法：讲授法、演示法、实训法、案例教学法 （2）重点：权限内容	2
		2-3-3 能按规定监管计算机维修服务网络中各级服务站点工作人员保存和查看维修服务及用户数据的合规性	监管计算机维修服务网络内各服务站点三级 / 高级工及以下级别人员的数据使用权限	（3）计算机维修服务站点三级 / 高级工及以下级别人员使用维修服务系统权限的规定	1）规范对象 2）权限内容	（1）方法：讲授法、演示法、实训法、案例教学法 （2）重点：权限内容	2

续表

2.1.5　二级／技师职业技能培训要求				2.2.5　二级／技师职业技能培训课程规范			
职业功能模块（模块）	培训内容（课程）	技能目标	培训细目	学习单元	课程内容	培训建议	课堂学时
2．物料及文件管理	2-3　文件资料管理	2-3-4　能按规定为计算机维修服务网络中各级服务站点上传或更新计算机各类维修服务电子资料	（1）认知计算机维修服务电子资料的级别 （2）计算机维修服务电子资料上传、更新与常规管理	（4）在线上传、更新计算机维修服务电子资料的操作流程和管理规范	1）计算机维修服务电子资料的级别 ①实施紧迫性级别 ②威胁严重性级别 ③层级保密级别 ④用途分类 2）计算机维修服务电子资料上传、更新方式与常规管理规范 ①社会面公布（企业官网） ②企业内部技术资料系统或论坛公布 ③电子邮件或社交媒体传送	（1）方法：讲授法、演示法、实训法、案例教学法 （2）重点：计算机维修服务电子资料上传、更新方式与常规管理规范	2
3．维修体系管理	3-1　维修服务网络建设和管理	3-1-1　能根据计算机维修服务网络管理政策，发展和认定各级维修服务站点	（1）站点认定标准及管理规定的认知 （2）各级维修服务站点的发展和认定	（1）各级维修服务站点的发展和认定	1）各级计算机维修服务站点认定标准及管理规定文件 ①站点分级认定标准 ②站点管理规定 ③服务网络管理政策 2）各级维修服务站点的发展和认定 ①考核运营能力 ②考核运营业绩 ③考核客户满意度 ④站点分级认定	（1）方法：讲授法、案例教学法 （2）重点与难点：各级维修服务站点的发展和认定	2
		3-1-2　能根据市场情况，制订计算机维修服务站点拓展计划	（1）当前市场需求分析	（2）计算机维修服务站点拓展计划制订	1）当前市场需求分析 ①市场需求调研 ②需求数据分析 ③拓展需求分析	（1）方法：讲授法、案例教学法	2

续表

2.1.5 二级 / 技师职业技能培训要求				2.2.5 二级 / 技师职业技能培训课程规范			
职业功能模块（模块）	培训内容（课程）	技能目标	培训细目	学习单元	课程内容	培训建议	课堂学时
3．维修体系管理	3-1 维修服务网络建设和管理	3-1-2 能根据市场情况，制订计算机维修服务站点拓展计划	（2）计算机维修服务站点拓展计划制订	（2）计算机维修服务站点拓展计划制订	2）制订服务站点拓展计划 ①站点管理规范 ②站点拓展计划	（2）重点与难点：制订服务站点拓展计划	
		3-1-3 能按规定审批维修服务站点的建设或改造方案	（1）审批计算机维修服务站点建设和改造方案 （2）计算机维修服务站点建成后验收	（3）计算机维修服务站点建设或改造方案的审批	1）计算机维修服务站点建设和改造方案审批原则 ①各类安全原则 ②客户体验原则 ③接待、维修、存储、办公各功能布局齐全合理 ④维修服务站点分级标准	（1）方法：讲授法、案例教学法 （2）重点与难点：计算机维修服务站点建成后验收方法	2
					2）计算机维修服务站点建成后验收方法 ①接待、维修、存储、办公各功能区符合设计方案 ②供电、网络、防静电、消防、防盗等安全设施安装到位且工作状态良好 ③接待台、维修操作台、维修调试仪器、工具及零配件存储设施安装到位且工作状态良好		
		3-1-4 能对整个维修服务网络的计算机维修服务信息系统的账户与权限进行管理，并监管在线维修服务系统的部署和应用	（1）维修服务网络的计算机维修服务信息系统账户与权限管理	（4）维修服务信息系统账户与权限管理和在线维修服务系统的部署和应用监管	1）维修服务信息系统账户与权限管理 ①账户申请和批复 ②账户激活、锁定和注销 ③系统操作等级授权	（1）方法：讲授法、案例教学法	3

续表

2.1.5　二级 / 技师职业技能培训要求				2.2.5　二级 / 技师职业技能培训课程规范			
职业功能模块（模块）	培训内容（课程）	技能目标	培训细目	学习单元	课程内容	培训建议	课堂学时
3. 维修体系管理	3-1　维修服务网络建设和管理	3-1-4　能对整个维修服务网络的计算机维修服务信息系统的账户与权限进行管理，并监管在线维修服务系统的部署和应用	（2）监管在线维修服务系统的部署和应用	（4）维修服务信息系统账户与权限管理和在线维修服务系统的部署和应用监管	2）在线维修服务系统的部署 ①部署管理方法 ②部署实施方案 ③部署后测试	（2）重点与难点：在线维修服务系统的部署	
					3）在线维修服务系统的应用监管 ①维修数据 ②系统规范操作 ③系统应用问题处理		
	3-2　培训与指导	3-2-1　能对三级 / 高级工及以下级别人员进行计算机维修技术培训和线上自学的监管与指导	（1）服务站人员培训计划的实施流程和计算机维修理论技术培训方法的认知 （2）对三级 / 高级工及以下级别人员进行计算机维修技术的培训 （3）对三级 / 高级工及以下级别人员进行线上自学的监管和指导	（1）计算机维修技术培训和线上自学监管和指导	1）培训计划、实施流程和培训规范 ①服务站人员培训计划 ②培训实施流程 ③计算机维修理论技术培训规范 ④培训技巧	（1）方法：讲授法、案例教学法 （2）重点与难点：培训计划、实施流程和培训规范	3
					2）线上自学的监管和指导注意事项		
		3-2-2　能对三级 / 高级工及以下级别人员进行政策、法律法规培训	（1）法律法规和政策培训计划及培训指导文件的识读 （2）按照培训计划和规范实施培训	（2）政策、法律法规培训	1）法律法规和政策培训计划及培训方案 ①培训计划 ②培训方案 ③培训技巧	（1）方法：讲授法、案例教学法 （2）重点：实施培训计划 （3）难点：政策、法律法规案例分析和处理指导	3
					2）政策、法律法规案例分析和处理指导		
		3-2-3　能按培训计划进行投诉、纠纷处理案例培训	（1）投诉、纠纷处理案例培训计划和培训指导文件的识读	（3）投诉、纠纷处理案例培训	1）售后投诉、纠纷案例的培训方法	（1）方法：讲授法、案例教学法	3

续表

2.1.5 二级 / 技师职业技能培训要求				2.2.5 二级 / 技师职业技能培训课程规范			
职业功能模块（模块）	培训内容（课程）	技能目标	培训细目	学习单元	课程内容	培训建议	课堂学时
3．维修体系管理	3-2 培训与指导	3-2-3 能按培训计划进行投诉、纠纷处理案例培训	（2）按照培训计划和规范实施培训	（3）投诉、纠纷处理案例培训	2）投诉、纠纷案例分析和处理 ①案例关键点 ②处理过程	（2）重点与难点：投诉、纠纷案例分析和处理	
		3-2-4 能按培训计划进行个人隐私数据、商业机密数据等的保密制度和保密安全流程培训	（1）计算机安全保密制度和流程培训方案的认知 （2）按照培训计划和规范实施培训	（4）保密制度和保密安全流程培训	1）计算机安全保密制度和流程培训方案 ①计算机安全保密制度培训方案 ②计算机安全保密流程培训方案 ③培训技巧 2）按照计算机安全保密制度和流程培训方案实施培训 ①个人隐私数据 ②商业机密数据 ③保密安全流程 ④其他保密制度	（1）方法：讲授法、案例教学法 （2）重点：按照计算机安全保密制度和流程培训方案实施培训 （3）难点：计算机安全保密制度和流程培训方案	4
4．数据分析与研究	4-1 数据收集	4-1-1 能根据规定指导下属员工定期收集计算机维修服务网络的维修服务单据、零配件和物料的领用与回收单据，并进行分类整理	（1）根据需求及相关条件，选择定期从计算机维修服务网络中收集各种单据的方式	（1）各类单据的定期收集和分类整理	1）定期从计算机维修服务网络中收集各种单据的方式 ①在线抓取电子单据 ②电子邮件获取扫描单据 ③纸质单据收集 ④其他收集方式 2）计算机维修服务单据分类整理方法 ①按产品型号或系列 ②按客户类型和服务诉求 ③按故障原因及相关信息 ④按维修服务成本 ⑤按地域及其他方式	（1）方法：讲授法、案例教学法	3

续表

2.1.5 二级 / 技师职业技能培训要求				2.2.5 二级 / 技师职业技能培训课程规范			
职业功能模块（模块）	培训内容（课程）	技能目标	培训细目	学习单元	课程内容	培训建议	课堂学时
4．数据分析与研究	4-1 数据收集	4-1-1 能根据规定指导下属员工定期收集计算机维修服务网络的维修服务单据、零配件和物料的领用与回收单据，并进行分类整理	（2）根据需求分类整理计算机维修服务单据 （3）根据需求分类整理零配件和物料的领用与回收单据	（1）各类单据的定期收集和分类整理	3）零配件和物料的领用与回收单据分类整理方法 ①按料件型号或系列 ②按领用或回收方式 ③按故障或使用原因 ④按整机型号或系列 ⑤按地域及其他方式	（2）重点：收集各种单据的方式 （3）难点：单据分类整理方法	
		4-1-2 能根据规定使用计算机维修服务信息系统和移动 App 在线审批、查验、核实服务网络的电子维修单据，以及零配件和物料的领用与回收单据	（1）在线管理计算机维修服务网络的电子维修单据	（2）使用计算机维修服务信息系统管理服务网络的电子单据	1）在线管理计算机维修服务网络的电子维修单据 ①按服务水平政策审批服务网络内相应级别的计算机电子维修服务单据 ②在线获取及核实服务质量及客户满意度相关信息 ③在线获取及查验计算机维修服务网络内各站点和工程师维修技能水平信息 ④在线获取及查验计算机维修服务网络内各站点成本控制情况 ⑤计算机维修服务业务危机在线（远程）管理 2）在线管理计算机维修服务网络的料件使用电子单据 ①根据料件成本分级控制原则在线审批服务网络内相应级别的零配件和	（1）方法：讲授法、案例教学法 （2）重点：在线管理计算机维修服务网络的电子维修单据	3

续表

2.1.5 二级 / 技师职业技能培训要求				2.2.5 二级 / 技师职业技能培训课程规范			
职业功能模块（模块）	培训内容（课程）	技能目标	培训细目	学习单元	课程内容	培训建议	课堂学时
4. 数据分析与研究	4–1 数据收集	4–1–2 能根据规定使用计算机维修服务信息系统和移动 App 在线审批、查验、核实服务网络的电子维修单据，以及零配件和物料的领用与回收单据	（2）在线管理计算机维修服务网络的料件使用电子单据	（2）使用计算机维修服务信息系统管理服务网络的电子单据	物料领用与回收电子单据 ②在线查验与核实计算机维修服务网络内各站点料件使用合规性 ③在线查验与核实计算机维修服务网络内各点料件安全库存量 ④在线查验与核实计算机维修服务网络内各点料件回收合规性 ⑤在线掌握和控制整个维修服务网络的零配件和物料其他要素	（3）难点：在线管理计算机维修服务网络的料件使用电子单据	
		4–1–3 能根据规定制作服务网络的维修数据报表	（1）计算机维修网络与站点报表的联系和区别的认知 （2）制作全计算机维修服务网络报表	（3）计算机维修服务网络维修数据报表的制作	1）计算机维修网络与站点报表的联系和区别 ①联系 ②区别 2）全计算机维修服务网络报表的制作方法 ①在线系统自动生成或抓取定期例行报表 ②手工合并站点制作定期例行报表 ③特殊需求的报表制作	（1）方法：讲授法、案例教学法 （2）重点：全计算机维修服务网络报表的制作方法 （3）难点：特殊需求的报表制作	3
	4–2 问题分析与研究	4–2–1 能按计算机相关技术文件及一级／高级技师等上级的指令，指导维修服务站点搭建新产品、新配件、新维修维护方案的测试环境	（1）认知组织搭建新开发计算机维修维护方案的测试验证环境的目的和意义	（1）组织搭建新开发计算机维修维护方案的测试验证环境	1）组织搭建新开发计算机维修维护方案的测试验证环境的目的和意义	（1）方法：讲授法、案例教学法	3

续表

2.1.5　二级 / 技师职业技能培训要求				2.2.5　二级 / 技师职业技能培训课程规范			
职业功能模块（模块）	培训内容（课程）	技能目标	培训细目	学习单元	课程内容	培训建议	课堂学时
4. 数据分析与研究	4-2　问题分析与研究	4-2-1　能按计算机相关技术文件及一级 / 高级技师等上级的指令，指导维修服务站点搭建新产品、新配件、新维修维护方案的测试环境	（2）新开发计算机维修维护方案测试验证环境组织搭建工作的主要事项	（1）组织搭建新开发计算机维修维护方案的测试验证环境	①计算机新产品的维修维护方案测试验证环境搭建 ②计算机新型号配件或配件技术更新应用测试验证环境搭建 ③计算机产品新业务应用特殊需求维修服务方案测试验证环境搭建 2）新开发计算机维修维护方案测试验证环境组织搭建工作的主要事项 ①团队的组建、工作安排及指导 ②软硬件环境准备 ③测试验证计划安排 ④相应的资料及单据准备	（2）重点：新开发计算机维修维护方案测试环境搭建指导文件的主要内容 （3）难点：新开发计算机维修维护方案测试验证环境组织搭建工作的主要事项	
		4-2-2　能对计算机新产品、新配件、新维修维护方案进行测试，并按规定收集测试数据，制作及上报测试报告	（1）执行新开发维修维护方案的测试 （2）制作及上报新开发维修维护方案的测试报告	（2）新开发维修维护方案的测试和报告	1）新开发维修维护方案测试的执行 ①测试流程和指导文件的识读 ②数据收集表单和工具的准备 ③测试团队及测试流程管理 2）新开发维修维护方案的测试报告制作及上报 ①测试原始数据和信息的识读和分析 ②测试过程的编写 ③统计表制作和结论编写 ④测试报告的提交	（1）方法：讲授法、案例教学法 （2）重点：新开发维修维护方案测试的执行 （3）难点：新开发维修维护方案的测试报告制作及上报	3

续表

2.1.5　二级 / 技师职业技能培训要求				2.2.5　二级 / 技师职业技能培训课程规范			
职业功能模块（模块）	培训内容（课程）	技能目标	培训细目	学习单元	课程内容	培训建议	课堂学时
4．数据分析与研究	4-2　问题分析与研究	4-2-3　能对新的测试脚本、软件工具进行验证	（1）验证新批量测试用脚本 （2）验证新的专用测试软件工具	（3）新开发软件测试工具的验证	1）新批量测试用脚本的验证 ①批量部署操作系统和应用 ②批量刷新计算机基本输入输出系统（BIOS） ③批量刷新计算机基板管理控制器（BMC） ④批量更改计算机设置 2）专用测试目的新软件工具的验证 ①目的实现验证 ②功能实现和可靠性验证 ③安装及操作流程验证 ④软件界面验证 ⑤验证测试报告编写	（1）方法：讲授法、案例教学法 （2）重点与难点：专用测试目的新软件工具的验证	3
课堂学时合计							123

附录 6　一级 / 高级技师职业技能培训要求与课程规范对照表

2.1.6　一级 / 高级技师职业技能培训要求				2.2.6　一级 / 高级技师职业技能培训课程规范			
职业功能模块（模块）	培训内容（课程）	技能目标	培训细目	学习单元	课程内容	培训建议	课堂学时
1．修理与维护	1-1　计算机的维护和保养	1-1-1　能对UNIX和类UNIX服务器操作系统软件和驱动程序进行安装及更新	（1）UNIX和类UNIX服务器操作系统软件的安装及更新	（1）UNIX和类UNIX服务器操作系统软件与驱动程序的安装及更新	1）UNIX和类UNIX服务器操作系统软件概述 ①SUN Solaris ②FreeBSD ③IBM AIX ④HP-UX ⑤OpenBSD ⑥其他UNIX操作系统	（1）方法：讲授法、案例教学法	2

续表

2.1.6 一级 / 高级技师职业技能培训要求				2.2.6 一级 / 高级技师职业技能培训课程规范			
职业功能模块（模块）	培训内容（课程）	技能目标	培训细目	学习单元	课程内容	培训建议	课堂学时
1．修理与维护	1-1 计算机的维护和保养	1-1-1 能对UNIX和类UNIX服务器操作系统软件和驱动程序进行安装及更新	（2）UNIX和类UNIX服务器操作系统驱动程序的安装及更新	（1）UNIX和类UNIX服务器操作系统软件与驱动程序的安装及更新	2）UNIX和类UNIX服务器操作系统软件的安装与更新 ①SUN Solaris ②FreeBSD ③IBM AIX ④HP-UX ⑤OpenBSD ⑥其他UNIX操作系统 3）UNIX和类UNIX服务器操作系统驱动程序的安装与更新	（2）重点与难点：UNIX和类UNIX服务器操作系统软件的安装与更新	
		1-1-2 能对UNIX和类UNIX服务器操作系统应用常见软硬件进行配置	（1）UNIX和类UNIX服务器操作系统应用常见软件配置 （2）UNIX和类UNIX服务器硬件配置	（2）UNIX和类UNIX服务器操作系统应用常见软硬件配置	1）UNIX和类UNIX服务器操作系统应用常见软件配置 ①本机使用权限配置 ②网络配置 ③防火墙配置 ④其他软件配置 2）UNIX和类UNIX服务器硬件配置方法 ①CPU资源配置 ②硬盘资源配置 ③其他硬件配置	（1）方法：讲授法、演示法 （2）重点与难点：UNIX和类UNIX服务器初始安装常用软件配置	4
		1-1-3 能对UNIX和类UNIX服务器进行日常维护	（1）UNIX和类UNIX服务器日常维护制度的认知 （2）UNIX和类UNIX服务器的硬件日常维护 （3）UNIX和类UNIX服务器的软件日常维护	（3）UNIX和类UNIX服务器日常维护	1）UNIX和类UNIX服务器日常维护制度的认知 ①种类 ②方法 ③非常规检查等 2）UNIX和类UNIX服务器的硬件日常维护 3）UNIX和类UNIX服务器的软件日常维护	（1）方法：讲授法、演示法、案例教学法 （2）重点与难点：UNIX和类UNIX服务器的软件日常维护	3

续表

2.1.6 一级 / 高级技师职业技能培训要求				2.2.6 一级 / 高级技师职业技能培训课程规范			
职业功能模块（模块）	培训内容（课程）	技能目标	培训细目	学习单元	课程内容	培训建议	课堂学时
1．修理与维护	1-1 计算机的维护和保养	1-1-4 能按照网络配置文件对用户 UNIX 和类 UNIX 服务器环境进行批量操作系统的部署和升级	（1）UNIX 和类 UNIX 服务器操作系统批量部署的认知 （2）UNIX 和类 UNIX 服务器操作系统批量的部署和升级操作	（4）UNIX 和类 UNIX 服务器环境操作系统批量的部署和升级	1）UNIX 和类 UNIX 服务器操作系统批量部署 ①自动化运维概念 ②软硬件要求	（1）方法：讲授法、演示法、案例教学法 （2）重点与难点：UNIX 和类 UNIX 服务器操作系统批量部署和升级操作	6
					2）UNIX 和类 UNIX 服务器操作系统批量部署常用软件工具 ①WDS 服务 ②kickstart ③Cobbler ④其他工具		
					3）UNIX 和类 UNIX 服务器操作系统批量部署和升级操作		
		1-1-5 能对 UNIX 和类 UNIX 服务器数据进行备份和恢复操作	（1）确认 UNIX 和类 UNIX 服务器关键数据 （2）UNIX 和类 UNIX 服务器备份策略和方式 （3）UNIX 和类 UNIX 服务器数据的备份和恢复操作	（5）UNIX 和类 UNIX 服务器数据备份和恢复	1）确认 UNIX 和类 UNIX 服务器关键数据 ①业务数据 ②配置信息 ③其他数据	（1）方法：讲授法、演示法、案例教学法 （2）重点与难点：UNIX 和类 UNIX 服务器备份策略和方式	4
					2）UNIX 和类 UNIX 服务器备份策略和方式 ①手动 / 自动备份 ②本地 / 异地备份 ③完全 / 增量 / 差异备份		
					3）UNIX 和类 UNIX 服务器数据的备份和恢复操作 ①自动化软件工具 ②手动操作		

续表

2.1.6 一级/高级技师职业技能培训要求				2.2.6 一级/高级技师职业技能培训课程规范			
职业功能模块（模块）	培训内容（课程）	技能目标	培训细目	学习单元	课程内容	培训建议	课堂学时
1．修理与维护	1-1 计算机的维护和保养	1-1-6 能按照网络配置文件配置UNIX和类UNIX服务器负载均衡集群、高可用集群及网络部署等网络存储方案	（1）UNIX和类UNIX服务器负载均衡集群配置 （2）UNIX和类UNIX服务器高可用集群配置 （3）UNIX和类UNIX服务器网络部署	（6）配置UNIX和类UNIX服务器负载均衡集群、高可用集群及网络部署	1）UNIX和类UNIX服务器负载均衡集群配置 ①基本原理 ②DNS负载均衡 ③代理服务器负载均衡 ④地址转换网关负载均衡 ⑤其他负载均衡配置 ⑥混合负载均衡	（1）方法：讲授法、演示法、案例教学法 （2）重点与难点：UNIX和类UNIX服务器高可用集群配置、服务器网络部署	10
					2）UNIX和类UNIX服务器高可用集群配置 ①实现原理和基本模型 ②衡量标准和验证方法 ③常用软件		
					3）UNIX和类UNIX服务器网络部署 ①拓扑设计 ②配置和验证 ③维护 ④升级		
		1-1-7 能按照网络配置文件实现UNIX和类UNIX服务器常见服务和应用的安装与配置	（1）根据用户需求按照网络配置文件安装、设置UNIX和类UNIX服务器主流数据库软件 （2）按照网络配置文件配置UNIX和类UNIX服务器双机热备实现方案	（7）UNIX和类UNIX服务器常见服务和应用的安装与配置	1）UNIX和类UNIX服务器主流数据库软件的安装和设置	（1）方法：讲授法、演示法、案例教学法	3
					2）UNIX和类UNIX服务器双机热备方案配置		

续表

2.1.6 一级/高级技师职业技能培训要求				2.2.6 一级/高级技师职业技能培训课程规范			
职业功能模块（模块）	培训内容（课程）	技能目标	培训细目	学习单元	课程内容	培训建议	课堂学时
1. 修理与维护	1-1 计算机的维护和保养	1-1-7 能按照网络配置文件实现UNIX和类UNIX服务器常见服务和应用的安装与配置	(3) 按照网络配置文件根据用户需求实现UNIX和类UNIX服务器计划任务控制	(7) UNIX和类UNIX服务器常见服务和应用的安装与配置	3) UNIX和类UNIX服务器计划任务控制的实现	(2) 重点与难点：按照网络配置文件对UNIX和类UNIX服务器常见服务和应用进行安装与配置	
			(4) 按照网络配置文件配置UNIX和类UNIX服务器环境及安全策略		4) UNIX和类UNIX服务器环境及安全策略配置		
			(5) 在部署并行文件系统或分布式文件系统时，按照网络配置文件配置UNIX和类UNIX服务器相关参数		5) UNIX和类UNIX服务器并行文件系统或分布式文件系统相关参数配置		
			(6) 按照网络配置文件实现集中式UNIX和类UNIX服务器用户权限统一管理		6) 集中式UNIX和类UNIX服务器用户权限统一管理的实现		
	1-2 故障修复	1-2-1 能排除UNIX和类UNIX服务器操作系统软件及驱动程序常见问题	UNIX和类UNIX服务器操作系统软件及驱动程序常见问题的排除	(1) UNIX和类UNIX服务器操作系统软件及驱动程序常见问题的排除	1) 版本升级 2) 漏洞修复 3) 资源清理 4) 杀毒	(1) 方法：讲授法、演示法、案例教学法 (2) 重点与难点：UNIX和类UNIX服务器操作系统软件及驱动程序常见问题的排除方法	6
		1-2-2 能在计算机厂商的技术支持下，处理缺乏技术资料的故障现象，更换故障部件并进行修复	(1) 计算机故障备件更换预案的识读	(2) 计算机疑难故障的处理	1) 计算机故障备件更换预案 ①故障现象检查 ②故障点判断 ③故障件更换 ④疑难故障案例分析 ⑤疑难故障维修技巧	(1) 方法：讲授法、案例教学法	4

续表

<table>
<tr><td colspan="4">2.1.6　一级 / 高级技师职业技能培训要求</td><td colspan="4">2.2.6　一级 / 高级技师职业技能培训课程规范</td></tr>
<tr><td>职业功能模块（模块）</td><td>培训内容（课程）</td><td>技能目标</td><td>培训细目</td><td>学习单元</td><td>课程内容</td><td>培训建议</td><td>课堂学时</td></tr>
<tr><td rowspan="7">1．修理与维护</td><td rowspan="7">1-2　故障修复</td><td>1-2-2　能在计算机厂商的技术支持下，处理缺乏技术资料的故障现象，更换故障部件并进行修复</td><td>（2）故障部件更换和修复</td><td>（2）计算机疑难故障的处理</td><td>2）故障部件更换和修复
①故障部件确认
②故障部件更换
③故障部件修复</td><td>（2）重点：计算机故障备件更换预案
（3）难点：故障部件更换和修复</td><td></td></tr>
<tr><td rowspan="2">1-2-3　能在计算机厂商的配合下，制定批量故障配件或组件修复、翻新的操作方法和流程，并指导二级 / 技师在计算机零器件级维修工厂组织团队实施</td><td rowspan="2">（1）零器件级批量修复翻新方法和流程的制定
（2）零器件级修复翻新的监督与指导</td><td rowspan="2">（3）零器件修复和翻新的操作方法、流程制定及监督指导</td><td>1）零器件级批量修复翻新方法和流程制定
①批量修复翻新方法和流程
②批量维修翻新实施方案</td><td rowspan="2">（1）方法：讲授法、案例教学法
（2）重点：零器件级修复翻新的监督与指导
（3）难点：零器件级批量修复翻新方法和流程的制定</td><td rowspan="2">4</td></tr>
<tr><td>2）零器件修复翻新的监督与指导
①实施过程的监督
②问题反馈与指导</td></tr>
<tr><td rowspan="4">1-2-4　能按照网络配置文件排除UNIX和类UNIX服务器常见服务和应用问题</td><td rowspan="4">（1）定位和处理UNIX和类UNIX服务器丢包与延迟问题
（2）按照网络配置文件分析UNIX和类UNIX服务器系统服务降级问题的原因并解决
（3）按照网络配置文件对UNIX和类UNIX服务器产品及信息网络系统的潜在问题进行排除</td><td rowspan="4">（4）按照网络配置文件排除UNIX和类UNIX服务器常见服务和应用问题</td><td>1）UNIX和类UNIX服务器丢包与延迟问题的定位和处理</td><td rowspan="4">（1）方法：讲授法、案例教学法
（2）重点：UNIX和类UNIX服务器常见服务和应用问题</td><td rowspan="4">4</td></tr>
<tr><td>2）UNIX和类UNIX服务器系统服务降级问题的原因分析和解决</td></tr>
<tr><td>3）UNIX和类UNIX服务器产品及信息网络系统潜在问题的排除</td></tr>
<tr><td>4）UNIX和类UNIX服务器系统遭遇黑客攻击、病毒暴发等严重事件时的处理方案</td></tr>
</table>

续表

2.1.6　一级 / 高级技师职业技能培训要求				2.2.6　一级 / 高级技师职业技能培训课程规范			
职业功能模块（模块）	培训内容（课程）	技能目标	培训细目	学习单元	课程内容	培训建议	课堂学时
1. 修理与维护	1-2　故障修复	1-2-4　能按照网络配置文件排除UNIX和类UNIX服务器常见服务和应用问题	（4）按照网络配置文件对UNIX和类UNIX服务器系统遭遇黑客攻击、病毒暴发等严重事件进行判断和定位	（4）按照网络配置文件排除UNIX和类UNIX服务器常见服务和应用问题		（3）难点：按照网络配置文件对UNIX和类UNIX服务器系统遭遇黑客攻击、病毒暴发等严重事件进行排除	
	1-3　测试与验机	1-3-1　能对修复的UNIX和类UNIX服务器进行外观完备性确认	UNIX和类UNIX服务器完备性确认	（1）修复的UNIX和类UNIX服务器完备性确认	UNIX和类UNIX服务器完备性确认	（1）方法：讲授法、案例教学法 （2）重点与难点：UNIX和类UNIX服务器完备性确认方法	1
		1-3-2　能对修复的UNIX和类UNIX服务器主机进行基本功能测试	（1）UNIX和类UNIX服务器主机故障点修复确认 （2）UNIX和类UNIX服务器主机基本功能确认	（2）UNIX和类UNIX服务器主机修复后的功能测试	1）UNIX和类UNIX服务器主机服务请求时的故障排除确认测试 ①电子电器类故障修复测试 ②结构件更换后测试 ③软件网络问题解决后测试 2）UNIX和类UNIX服务器主机的烤机测试 ①服务器主机特定条件的可靠性确认烤机 ②服务器软件和网络问题的重现烤机 ③服务器用户特定业务问题重现烤机	（1）方法：讲授法、演示法 （2）重点与难点：UNIX和类UNIX服务器主机故障点修复确认	2

续表

2.1.6 一级 / 高级技师职业技能培训要求				2.2.6 一级 / 高级技师职业技能培训课程规范			
职业功能模块（模块）	培训内容（课程）	技能目标	培训细目	学习单元	课程内容	培训建议	课堂学时
1．修理与维护	1–3 测试与验机	1–3–3 能制定针对计算机及相关附件辅助设备配件、组件、元器件的烤机方案并指导低级别工程师实施	（1）计算机整机产品的可靠性验证（烤机测试）方案的制定和指导实施 （2）计算机整机及相关部件维修服务方案的可靠性验证（烤机测试）方案的制定和指导实施 （3）计算机软件可靠性验证（烤机测试）方案的制定和指导实施	（3）计算机产品及相关部件的可靠性验证（烤机测试）方案的制定	1）计算机整机产品的可靠性验证（烤机测试）方案的制定方法 ①新型号上市前本地化可靠性验证 ②特殊业务需求型号适配性兼容性相关烤机测试 2）计算机整机及相关部件维修服务方案的可靠性验证（烤机测试）方案的制定方法 ①计算机整机维修服务方案可靠性验证（烤机） ②计算机相关配件和组件维修翻新方案可靠性验证（烤机） ③兼容附件配件零器件应用的维修翻新方案可靠性验证（烤机） 3）计算机软件可靠性验证（烤机测试）方案的制定方法 ①操作系统软件及驱动程序升级及打补丁（漏洞修复） ②应用程序及其升级版本 ③客户特殊业务需求适配性兼容性相关烤机测试	（1）方法：讲授法、案例教学法 （2）重点与难点：元器件烤机方案实施指导	2
		1–3–4 能制定计算机好备件质量标准和入库前终检方案，并指导二级 / 技师在计算机元器件级维修翻新工厂组织终检及质量控制团队实施	（1）制定计算机元器件级维修翻新备件质量标准	（4）计算机元器件级维修翻新备件质量标准及入库前终检方案的制定和管理方法	1）计算机元器件级维修翻新备件质量标准的制定方法 ①新备件（原厂出货未使用）标准 ②功能寿命标准如新备件但外观磨损（不影响使用）	（1）方法：讲授法、案例教学法	4

续表

2.1.6　一级 / 高级技师职业技能培训要求				2.2.6　一级 / 高级技师职业技能培训课程规范			
职业功能模块（模块）	培训内容（课程）	技能目标	培训细目	学习单元	课程内容	培训建议	课堂学时
1．修理与维护	1-3　测试与验机	1-3-4　能制定计算机好备件质量标准和入库前终检方案，并指导二级/技师在计算机元器件级维修翻新工厂组织终检及质量控制团队实施	（2）制定典型计算机维修翻新备件入库前终检方案和操作流程	（4）计算机元器件级维修翻新备件质量标准及入库前终检方案的制定和管理方法	③功能标准如新备件寿命相比新备件有差距 ④兼容备件或使用兼容零器件修复备件的标准 ⑤特殊目的的备件的质量标准	（2）重点与难点：好备件入库方案标准和终检方案制定	
					2）典型计算机维修翻新备件入库前终检方案和操作流程制定方法 ①主板、电源模块等电子线路板卡 ②CPU 与内存条 ③显示器 ④计算机主机 ⑤兼容配件或使用兼容零器件维修翻新备件 ⑥特殊业务需求的维修翻新备件入库前终检方案制定的注意事项		
2．物料及文件管理	2-1　工具管理	2-1-1　能制定或修订计算机维修服务各级站点及元器件级维修翻新工厂的安防、消防、防静电、存储、转运等设备设施的配备、安装与布置标准和相关规范	（1）制定或修订计算机维修服务场所基础设备设施配备标准	（1）计算机维修服务场所基础设备设施标准和管理规范的制定方法	1）计算机维修服务场所基础设备设施配备标准的制定或修订 ①各级计算机客户维修服务站点 ②计算机元器件级维修翻新工厂 ③服务器调试机房	（1）方法：讲授法、实训法、案例教学法	2
					2）计算机维修服务场所基础设备设施管理规范的制定或修订 ①安全防范设备设施		

续表

2.1.6 一级 / 高级技师职业技能培训要求				2.2.6 一级 / 高级技师职业技能培训课程规范			
职业功能模块（模块）	培训内容（课程）	技能目标	培训细目	学习单元	课程内容	培训建议	课堂学时
2．物料及文件管理	2–1 工具管理	2–1–1 能制定或修订计算机维修服务各级站点及元器件级维修翻新工厂的安防、消防、防静电、存储、转运等设备设施的配备、安装与布置标准和相关规范	（2）制定或修订计算机维修服务场所基础设备设施管理规范	（1）计算机维修服务场所基础设备设施标准和管理规范的制定方法	②消防设备设施 ③防静电设备设施 ④强弱电设备设施 ⑤存储与转运设备设施 ⑥其他设备设施	（2）重点与难点：基础设备设施的配备、安装与布置标准的修订	
		2–1–2 能根据技术资料，制定计算机维修服务工具的配备、采买、申领、使用、保管、保养、报废的操作流程及实施规范	（1）制定各级计算机维修工个人工具管理规范 （2）制定各类计算机维修服务场所仪器仪表与大型工具管理规范	（2）计算机维修服务工具管理规范的制定方法	1）各级计算机维修工个人工具管理规范的制定 ①配备标准 ②采买、申领和使用 ③保管与保养 2）各类计算机维修服务场所仪器仪表与大型工具管理规范的制定 ①各级计算机维修服务站点 ②计算机元器件级维修翻新工厂 ③专用备件库房	（1）方法：讲授法、实训法、案例教学法 （2）重点与难点：工具管理规范的制定	2
		2–1–3 能参与计算机维修服务工具管理系统的开发和升级	（1）维修服务工具管理系统升级需求的认知 （2）维修服务工具管理系统的开发和升级	（3）参与计算机维修服务工具管理系统的开发和升级	1）维修服务工具管理系统开发过程 ①业务需求沟通 ②验收 ③试用期管理 2）维修服务工具管理系统升级需求 ①系统可靠性 ②业务流程更新 ③业务规模调整 ④成本及其他因素	（1）方法：讲授法、案例教学法 （2）重点与难点：维修服务工具管理系统开发需求	2

续表

2.1.6 一级 / 高级技师职业技能培训要求				2.2.6 一级 / 高级技师职业技能培训课程规范			
职业功能模块（模块）	培训内容（课程）	技能目标	培训细目	学习单元	课程内容	培训建议	课堂学时
2．物料及文件管理	2-2 备件管理	2-2-1 能制定或修订计算机维修服务各级站点及元器件级维修翻新工厂的备机、备件的采买、申领、使用及库存等管理制度	备机、备件的采买、申领、使用及库存等管理制度的制定或修订	(1) 备机、备件管理制度的制定	1）采买制度的制定 2）申领制度的制定 3）使用制度的制定 4）库存管理制度的制定	(1) 方法：讲授法、案例教学法 (2) 重点与难点：库存管理制度的制定	2
		2-2-2 能制定或修订计算机维修服务各级站点及元器件级维修翻新工厂故障备件的回收、环保处置、废弃及存储等管理制度	故障备件管理制度的制定或修订	(2) 计算机维修服务各级站点及元器件级维修翻新工厂管理制度的制定与修订	1）回收制度的制定与修订 2）环保处置制度的制定与修订 3）报废制度的制定与修订 4）存储制度的制定与修订	(1) 方法：讲授法、实训法、案例教学法 (2) 重点与难点：报废制度的制定与修订	2
		2-2-3 能参与开发和升级计算机备件管理系统或移动端 App	(1) 编制开发和升级计算机备件管理系统业务需求手册	(3) 计算机备件管理系统的开发和升级	1）开发和升级计算机备件管理系统业务需求手册的编制方法 ①涉及备件操作的人员属性与权限 ②备件属性信息 ③备件仓储与物流属性信息 ④涉及备件的数据统计与报表 ⑤备件涉及操作的移动端 App 开发注意事项 2）开发和升级计算机备件管理系统过程中的管理与沟通 ①与开发人员的计算机备件信息管理系统需求手册的沟通	(1) 方法：讲授法、实训法、案例教学法	2

续表

2.1.6 一级 / 高级技师职业技能培训要求				2.2.6 一级 / 高级技师职业技能培训课程规范			
职业功能模块（模块）	培训内容（课程）	技能目标	培训细目	学习单元	课程内容	培训建议	课堂学时
2．物料及文件管理	2-2 备件管理	2-2-3 能参与开发和升级计算机备件管理系统或移动端 App	（2）开发和升级计算机备件管理系统过程中的管理与沟通	（3）计算机备件管理系统的开发和升级	②开发过程的管理与常见问题 ③验收与试运行 ④升级原因的分析与实施	（2）重点与难点：开发和升级计算机备件管理系统业务需求手册的编制方法	
	2-3 文件资料管理	2-3-1 能制定和修订计算机维修服务制度文件、保修政策、收费标准、维修技术文件	（1）制定和修订计算机维修服务制度文件 （2）制定和修订计算机维修服务保修政策 （3）制定和修订计算机维修服务收费标准 （4）制定和修订计算机维修服务维修技术文件	（1）计算机维修服务相关文件的制定和修订	1）制度文件的制定和修订 2）保修政策的制定和修订 3）收费政策的制定和修订 4）技术文件的制定和修订	（1）方法：讲授法、实训法、案例教学法 （2）重点与难点：制度文件的制定和修订	6
		2-3-2 能制定和修订计算机各类维修服务单据及使用规范	（1）制定和修订计算机维修服务单据	（2）计算机维修服务单据及使用规范的制定和修订	1）计算机维修服务单据制定和修订 ①报修机、件基本信息 ②报修人（客户）信息 ③保修与否相关内容 ④故障代码信息及故障或服务要求描述 ⑤维修操作描述和更换备件列表信息 ⑥维修服务费明细 ⑦客户满意度与其他信息 2）计算机维修服务纸质单据使用规范的制定和修订方法	（1）方法：讲授法、实训法、案例教学法	2

续表

2.1.6 一级 / 高级技师职业技能培训要求				2.2.6 一级 / 高级技师职业技能培训课程规范			
职业功能模块（模块）	培训内容（课程）	技能目标	培训细目	学习单元	课程内容	培训建议	课堂学时
2．物料及文件管理	2-3 文件资料管理	2-3-2 能制定和修订计算机各类维修服务单据及使用规范	（2）制定和修订计算机维修服务纸质单据使用规范	（2）计算机维修服务单据及使用规范的制定和修订	①计算机维修服务操作流程考虑 ②计算机维修服务相关人员权限和岗位任务考虑 ③信息记载、携带、存放安全与便利性考虑 ④修订的原因种类及注意事项	（2）重点与难点：计算机维修服务纸质单据使用规范的制定方法	
		2-3-3 能制定和修订计算机维修服务电子资料、单据、数据的上传、存储、更新、查阅和下载的规范	制定和修订计算机维修服务电子资料单据、数据使用规范	（3）计算机维修服务电子资料、单据、数据使用规范的制定和修订	1）电子资料使用规范的制定和修订	（1）方法：讲授法、实训法、案例教学法 （2）重点：电子资料使用规范的制定和修订	2
					2）单据使用规范的制定和修订		
					3）数据使用规范的制定和修订		
		2-3-4 能参与开发和升级计算机维修服务单据流程、数据资料在线管理系统及相应的移动端App	（1）编制开发计算机维修服务管理信息系统业务需求手册	（4）计算机维修服务管理信息系统的开发和升级	1）开发计算机维修服务管理信息系统业务需求手册的编制方法 ①计算机维修服务单据相关数据或信息项电子化基本知识 ②计算机维修服务操作流程电子信息化 ③计算机维修服务相关岗位权限电子信息化 ④计算机维修服务数据统计与报表系统模块设计 ⑤安全因素和策略考虑 ⑥移动端App开发注意事项 ⑦与备件管理系统和技术资料管理系统的数据交换	（1）方法：讲授法、演示法、案例教学法	6

续表

2.1.6　一级 / 高级技师职业技能培训要求				2.2.6　一级 / 高级技师职业技能培训课程规范			
职业功能模块（模块）	培训内容（课程）	技能目标	培训细目	学习单元	课程内容	培训建议	课堂学时
2．物料及文件管理	2-3　文件资料管理	2-3-4　能参与开发和升级计算机维修服务单据流程、数据资料在线管理系统及相应的移动端App	（2）计算机维修服务管理信息系统的更新与升级	（4）计算机维修服务管理信息系统的开发和升级	2）计算机维修服务管理信息系统的更新与升级 ①计算机维修服务政策或流程发生变化 ②计算机维修服务规模发生变化 ③计算机维修服务管理信息系统支撑技术平台变更 ④计算机维修服务管理信息系统自身技术和性能问题 ⑤其他因素考量	（2）重点与难点：移动端App开发业务需求手册的编制	
3．维修体系管理	3-1　维修服务网络建设和管理	3-1-1　能制定和修订计算机维修服务站点的设立和分级认定标准，以及维修服务网络的拓展策略，并指导二级 / 技师实施	（1）制定和修订计算机维修服务站点的设立和分级认定标准 （2）制定和修订计算机维修服务网络的拓展策略	（1）计算机维修服务网络和站点的拓展策略的制定	1）计算机维修服务站点的设立及分级认定标准的制定与修订方法 ①地域因素 ②站点位置与面积 ③人员数量和技能水平 ④服务水平级别 ⑤修订因素 ⑥其他因素 2）计算机维修服务网络的拓展策略制定与修订方法 ①地域覆盖率 ②客户满意度提升 ③管理有效性 ④备件物流和仓储 ⑤维修服务成本控制与收益 ⑥修订因素	（1）方法：讲授法、案例教学法 （2）重点与难点：计算机维修服务站点的设立及分级认定标准的制定和修订	8

续表

2.1.6 一级 / 高级技师职业技能培训要求				2.2.6 一级 / 高级技师职业技能培训课程规范			
职业功能模块（模块）	培训内容（课程）	技能目标	培训细目	学习单元	课程内容	培训建议	课堂学时
3．维修体系管理	3-1 维修服务网络建设和管理	3-1-2 能制定和修订计算机维修服务网络和站点的业绩考核、客户满意度及成本控制等制度与运营指标，并指导二级 / 技师或维修服务站点负责人实施	（1）制定计算机维修服务网络和站点运营指标 （2）分析计算机维修服务网络和站点运营指标的修订因素	（2）计算机维修服务网络和站点运营指标制定和修订	1）计算机维修服务网络和站点运营指标的制定方法 ①计算机维修工技能水平及业绩评定标准 ②各类计算机维修服务客户满意度评价标准 ③计算机维修服务网络和站点保修及非保修业务水平标准 ④计算机维修服务网络和站点成本控制指标 ⑤安全生产评价标准及其他运营指标 2）计算机维修服务网络和站点运营指标的修订因素分析 ①计算机产品相关市场情况发生变化 ②各类计算机维修服务客户满意度发生变化 ③计算机产品技术架构发生较大改变 ④维修服务信息及数据采集能力提升 ⑤维修服务成本发生较大变化或计算机售价发生变化 ⑥零配件供应受到影响	（1）方法：讲授法、案例教学法 （2）重点与难点：计算机维修服务网络和站点的业绩考核、客户满意度及成本控制等制度与运营指标制定和修订	6

续表

2.1.6　一级 / 高级技师职业技能培训要求				2.2.6　一级 / 高级技师职业技能培训课程规范			
职业功能模块（模块）	培训内容（课程）	技能目标	培训细目	学习单元	课程内容	培训建议	课堂学时
3．维修体系管理	3-2　培训与指导	3-2-1　能制订计算机维修人员培训计划	（1）认知和制订计算机维修技术人员培训计划 （2）管理计算机维修技术人员培训计划的实施	（1）计算机维修技术人员培训计划的制订与实施管理	1）计算机维修技术人员培训计划的制订目的和方法 ①目的和常用培训实施方法 ②新产品技术服务培训计划 ③新服务模式或新维修方案培训计划 ④各级维修工培训计划 ⑤特殊项目或其他特殊需求的培训 2）计算机维修技术人员培训计划的实施管理 ①线下培训的实施管理 ②线上培训课程的实施管理 ③培训后的考核与评价管理	（1）方法：讲授法、案例教学法 （2）重点：制订培训计划 （3）难点：按照维修人才需求分析制定培训内容	6
		3-2-2　能选定或编写计算机维修技术培训资料	（1）确认培训资料选择标准和编写规范 （2）计算机维修技术培训资料选定或编写	（2）计算机维修技术培训资料的选定和编写	1）培训资料选择标准 2）计算机维修技术培训资料编写 ①选定资料内容 ②编写培训资料 ③编写注意事项	（1）方法：讲授法、案例教学法 （2）重点与难点：计算机维修技术培训资料的编写	4
		3-2-3　能制定计算机维修技术服务培训场地的设立规范	（1）制定各类计算机维修技术服务培训场地设立规范	（3）计算机维修技术服务培训场地设立规范	1）各类计算机维修技术服务培训场地设立规范的制定方法 ①计算机软件安装类 ②计算机拆解与组装类实训 ③服务器机房环境的服务器安装、维护和修理类	（1）方法：讲授法、案例教学法	6

续表

2.1.6　一级 / 高级技师职业技能培训要求				2.2.6　一级 / 高级技师职业技能培训课程规范			
职业功能模块（模块）	培训内容（课程）	技能目标	培训细目	学习单元	课程内容	培训建议	课堂学时
3．维修体系管理	3-2　培训与指导	3-2-3　能制定计算机维修技术服务培训场地的设立规范	（2）计算机维修技术服务培训场地的新技术应用	（3）计算机维修技术服务培训场地设立规范	④元器件替换维修的实训 ⑤特殊需求的实训场地 2）计算机维修技术服务培训场地的新技术应用规范 ①在线培训工具 ②虚拟现实技术 ③物联网技术	（2）重点与难点：培训场地设立规范的制定	
		3-2-4　能参与计算机维修技术在线培训学习系统或专用 App 的开发和推广	（1）协助开发人员进行在线培训学习系统或专用 App 的开发 （2）测试验收在线培训学习系统或专用 App 运行和功能 （3）进行在线培训学习系统或专用 App 的推广	（4）计算机维修技术在线培训学习系统或专用 App 需求手册编制	1）在线培训学习系统或移动端 App 的开发需求 ①业务需求 ②系统和 App 的功能和要求 ③系统结构 ④开发业务需求手册的编制 2）在线培训学习系统或专用 App 的测试和验收 ①测试方案 ②验收计划 ③实现功能阶段测试 ④上线和试运营监测 3）在线培训学习系统或专用 App 的推广 ①工具使用方法 ②学习方式 ③工具使用监管 ④工具使用问题收集和改善	（1）方法：讲授法、案例教学法 （2）重点：业务需求 （3）难点：开发业务需求手册的编制	6
4．数据分析与研究	4-1　数据收集	4-1-1　能设计、制定和修订各类计算机维修服务统计、质量控制、成本与收益等报表	（1）设计与制定计算机维修服务各类统计报表	（1）计算机维修服务各类统计报表设计	1）设计计算机维修服务各类统计报表 ①目的和用途 ②报表基本结构和数据项	（1）方法：讲授法、案例教学法	3

续表

2.1.6　一级 / 高级技师职业技能培训要求				2.2.6　一级 / 高级技师职业技能培训课程规范			
职业功能模块（模块）	培训内容（课程）	技能目标	培训细目	学习单元	课程内容	培训建议	课堂学时
4．数据分析与研究	4-1　数据收集	4-1-1　能设计、制定和修订各类计算机维修服务统计、质量控制、成本与收益等报表	（2）修订计算机维修服务各类统计报表	（1）计算机维修服务各类统计报表设计	③制作或获取机制 2）修订计算机维修服务各类统计报表 ①修订的原因和目的 ②修订的时机 ③修订的方法	（2）重点：设计计算机维修服务各类统计报表 （3）难点：修订计算机维修服务各类统计报表	
		4-1-2　能制定并指导三级 / 高级工、二级 / 技师和维修服务站点负责人建立各类报表的收集机制	（1）制定计算机维修服务报表收集机制 （2）指导各类报表收集负责人执行报表收集工作	（2）报表收集机制建立	1）计算机维修服务报表收集机制 ①单个维修服务站点的报表机制 ②维修服务网络的报表机制 2）计算机维修服务报表收集工作的安排 ①各类各级别报表负责岗位和执行岗位的确定 ②报表负责人的培训和指导 ③数据准确和失效的监督机制	（1）方法：讲授法、案例教学法 （2）重点：计算机维修服务报表收集机制 （3）难点：计算机维修服务报表收集工作的安排	3
		4-1-3　能制定人工电话与大数据技术相结合的维修服务数据收集分析制度和实施方案	（1）认知人工电话及大数据技术收集和分析计算机服务数据	（3）将人工电话与大数据技术相结合进行服务数据收集及分析	1）将人工电话与大数据技术相结合收集和分析计算机服务数据认知 ①了解客服语音数据转换与客服机器人相关应用技术 ②了解大数据技术基本作用以及如何帮助收集和处理信息及数据	（1）方法：讲授法、案例教学法 （2）重点：收集分析服务数据的目的	3

续表

2.1.6 一级 / 高级技师职业技能培训要求				2.2.6 一级 / 高级技师职业技能培训课程规范			
职业功能模块（模块）	培训内容（课程）	技能目标	培训细目	学习单元	课程内容	培训建议	课堂学时
4．数据分析与研究	4-1 数据收集	4-1-3 能制定人工电话与大数据技术相结合的维修服务数据收集分析制度和实施方案	（2）人工电话及大数据技术收集和分析计算机服务数据	（3）将人工电话与大数据技术相结合进行服务数据收集及分析	2）将人工电话与大数据技术相结合收集和分析计算机服务数据典型实施方案 ①客户对计算机产品及服务的偏好 ②计算机产品质量及服务水平相关指标的市场地位 ③计算机产品或维修服务投诉等风险预判 ④计算机维修服务数据技术资料及客户信息泄露防范 ⑤计算机非原厂维修服务的比例和原因查找	（3）难点：人工电话与大数据技术相结合制度及实施方案的制定方法	
		4-1-4 能针对突发的技术事件制定相应的数据收集策略	（1）界定和发现突发的技术事件 （2）制定突发技术事件数据的收集策略	（4）突发技术事件的数据收集	1）突发技术事件的界定原则 ①同一故障数量异常增多 ②料件消耗异常增多 ③客户投诉异常集中 ④出现无技术资料的故障	（1）方法：讲授法、案例教学法 （2）重点：突发技术事件的界定原则 （3）难点：计算机维修服务突发技术事件数据收集策略的制定	2
					2）计算机维修服务突发技术事件数据收集策略的制定 ①问题升级制度落实 ②数据及报表制度落实 ③社会公共相关信息关注 ④其他策略		

续表

2.1.6　一级 / 高级技师职业技能培训要求				2.2.6　一级 / 高级技师职业技能培训课程规范			
职业功能模块（模块）	培训内容（课程）	技能目标	培训细目	学习单元	课程内容	培训建议	课堂学时
4. 数据分析与研究	4-2　问题分析与研究	4-2-1　能在计算机厂商的支持下，针对缺乏技术资料的故障现象，使用维修及测试工具检查计算机内各配件和组件的状态；确定故障部件并编制故障定位流程和方法	（1）零器件替换法的检测应用 （2）配件、组件故障定位流程的编制	（1）非常见故障的检查方法和故障定位流程编制方法	1）零器件替换法在故障检测中的应用 ①整件测试测量技巧 ②零件测试测量技巧 ③综合分析方法 2）配件、组件故障定位流程编制方法 ①文字描述法 ②图形说明法 3）计算机疑难故障案例分析	（1）方法：讲授法、案例教学法 （2）重点与难点：配件、组件故障定位流程编制方法	4
		4-2-2　能在计算机厂商的配合下制定故障配件或组件的批量检测流程，并制定零器件级维修方案	（1）批量对计算机故障配件进行故障定位	（2）计算机故障配件批量故障定位及零器件级维修方案的制定方法	1）批量对计算机故障配件进行故障定位的测试方法 ①对计算机故障配件进行故障定位的意义及可修复标准解析 ②计算机制造商相关维修服务技术资料分析方法 ③主要类型计算机配件或组件故障定位批量测试环境搭建方法 ④主要类型计算机配件或组件故障定位批量测试流程设计方法和注意事项 2）零器件级批量维修翻新计算机配件或组件的方案设计方法 ①计算机制造商相关维修服务及零器件技术资料分析方法	（1）方法：讲授法、案例教学法	4

续表

2.1.6 一级/高级技师职业技能培训要求				2.2.6 一级/高级技师职业技能培训课程规范			
职业功能模块（模块）	培训内容（课程）	技能目标	培训细目	学习单元	课程内容	培训建议	课堂学时
4．数据分析与研究	4-2 问题分析与研究	4-2-2 能在计算机厂商的配合下制定故障配件或组件的批量检测流程，并制定零器件级维修方案	（2）零器件级批量维修翻新计算机配件或组件的方案设计	（2）计算机故障配件批量故障定位及零器件级维修方案的制定方法	②主要类型计算机配件或组件批量维修环境（线）搭建方法 ③主要类型计算机配件或组件批量维修流程设计及岗位安排方法和注意事项	（2）重点与难点：零器件替换法在批量维修中的应用	
		4-2-3 能根据数据分析结果改进计算机维修维护流程、方法并修订改进计划方案	（1）判断是否需要改进计算机维修维护流程和方法 （2）改进计算机维修维护流程和方法并修订改进计划方案	（3）改进计算机维修维护流程和方法	1）判断计算机维修维护流程和方法 ①完善的日常数据与信息收集 ②有效的数据报表和分析制度 ③维修服务各项业务指标目标设定 2）计算机维修维护流程和方法改进方案制定 ①维修服务时效性指标 ②修复率指标 ③维修服务收益和成本性指标 ④客户满意度指标 ⑤产品升级或技术更新 ⑥其他需要改进的维修服务指标	（1）方法：讲授法、案例教学法 （2）重点：判断计算机维修维护流程和方法 （3）难点：计算机维修维护流程和方法改进方案制定	3
		4-2-4 能根据维修数据设计、改善维修操作环境，并指导二级/技师和三级/高级工实施	（1）制定计算机维修服务的操作环境设计或改善方案 （2）指导二级/技师和三级/高级工实施维修服务操作环境建设和改善计划	（4）计算机维修服务操作环境的设计与改善	1）厂商信息和日常数据统计分析 2）计算机维修服务操作环境设计与改善方案的制定 ①服务接待区基础知识 ②维修服务操作空间基础知识	（1）方法：讲授法、案例教学法	6

续表

2.1.6 一级 / 高级技师职业技能培训要求				2.2.6 一级 / 高级技师职业技能培训课程规范			
职业功能模块（模块）	培训内容（课程）	技能目标	培训细目	学习单元	课程内容	培训建议	课堂学时
4. 数据分析与研究	4–2 问题分析与研究				③库房及物品存放区基础知识 ④其他维修服务场所涉及区域		
		4–2–4 能根据维修数据设计、改善维修操作环境，并指导二级 / 技师和三级 / 高级工实施	（1）制定计算机维修服务的操作环境设计或改善方案 （2）指导二级 / 技师和三级 / 高级工实施维修服务操作环境建设和改善计划	（4）计算机维修服务操作环境的设计与改善	3）计算机维修服务操作环境设计与改善方案的实施 ①制订对维修服务业务正常开展影响最小的计划 ②指导维修服务站点负责人执行 ③指导元器件级维修工厂负责人执行 ④监督维修服务网络负责人执行 ⑤问题、效果跟踪与评估	（2）重点与难点：计算机维修服务操作环境设计与改善方案的实施	
		4–2–5 能根据研究测试结果制定计算机维修服务与用户应对方案	（1）认知开展计算机维修服务与用户应对研究的必要性	（5）计算机维修服务与用户应对方案	1）开展计算机维修服务与用户应对研究的必要性 ①计算机非常规应用的用户维修服务需求应对 ②需提供特殊维修维护服务的重要客户 ③突发产品质量和售后服务事件的应对 ④涉及法律纠纷的维修服务事件 ⑤其他可能性	（1）方法：讲授法、案例教学法 （2）重点：开展计算机维修服务与用户应对研究的必要性	6
					2）计算机维修服务与用户应对方案的制定 ①相关研究信息的收集 ②相关测试执行与结果分析		

续表

2.1.6　一级 / 高级技师职业技能培训要求				2.2.6　一级 / 高级技师职业技能培训课程规范			
职业功能模块（模块）	培训内容（课程）	技能目标	培训细目	学习单元	课程内容	培训建议	课堂学时
4．数据分析与研究	4-2　问题分析与研究	4-2-5　能根据研究测试结果制定计算机维修服务与用户应对方案	（2）制定计算机维修服务与用户应对方案	（5）计算机维修服务与用户应对方案	③相关法律法规的明确 ④厂商内部政策考量	（3）难点：计算机维修服务与用户应对方案的制定	
		4-2-6　能对计算机维修服务信息系统提交的报表和数据进行分析，并针对发现的服务质量、产品质量问题制定改进措施	（1）根据计算机维修服务报表，分析服务质量及产品质量数据 （2）制定计算机服务质量与产品质量问题发现与改进措施	（6）服务及产品质量数据分析及改进	1）根据计算机维修服务报表分析服务质量及产品质量数据 ①定期维修服务量统计及维修区域和站点比对 ②机型维修量及报修故障类别数据比对 ③计算机维修料件消耗数据统计与分析 ④重复维修数据分析与比对 ⑤客户评级标准与放弃维修服务数据与分析 2）计算机服务质量与产品质量问题发现与改进措施的制定方法 ①从客户评价及重复维修率分析客户满意度数据 ②依据维修服务数据量评估维修服务站点业绩和服务网络覆盖率 ③依据机型维修率及故障率评估计算机产品质量 ④从维修料件消耗率发现料件质量问题 ⑤从个人维修服务数据发现计算机维修工技能水平与业绩	（1）方法：讲授法、案例教学法 （2）重点与难点：计算机服务质量与产品质量问题改进措施的制定方法	6

续表

2.1.6　一级 / 高级技师职业技能培训要求				2.2.6　一级 / 高级技师职业技能培训课程规范			
职业功能模块（模块）	培训内容（课程）	技能目标	培训细目	学习单元	课程内容	培训建议	课堂学时
4. 数据分析与研究	4-2 问题分析与研究	4-2-7 能通过分析计算机维修报表和数据，改进成本控制方案和服务价格定价策略	（1）分析计算机维修服务报表，发现成本控制问题并制定改进措施 （2）分析计算机维修服务报表，发现定价策略问题并制定改进方案	（7）成本控制与定价策略问题及改进	1）分析计算机维修服务报表，发现成本控制问题并制定改进措施 ①计算机维修工技能或工作态度因素 ②维修服务站点营运因素 ③维修料件数据异常 ④维修服务方案或流程不合理 2）分析计算机维修服务报表，发现定价策略问题并制定改进方案 ①非厂商授权维修店对保外（收费）维修服务的影响 ②通过翻新备件及使用合格兼容备件解决零配件价格高的问题，满足不同服务需求 ③通过优化维修服务流程，降低维修服务人员费用 ④其他优化维修服务价格的方法	（1）方法：讲授法、案例教学法 （2）重点与难点：分析计算机维修服务报表，发现定价策略问题并制定改进方案	6
		4-2-8 能通过分析计算机服务报表所发现的用户数据安全保障问题，修订用户数据安全保障策略	（1）分析个人计算机维修服务报表，发现用户数据安全保障问题并制定改进措施	（8）用户数据安全保障问题及改进措施	1）分析个人计算机维修服务报表，发现用户数据安全保障问题并制定改进措施 ①服务受理时个人计算机客户数据接触 ②个人计算机维修服务带硬盘操作 ③个人计算机硬盘检测、更换或	（1）方法：讲授法、案例教学法 （2）重点：体现计算机维修服务用户数据安全状况的报表制定方法	3

续表

2.1.6 一级／高级技师职业技能培训要求				2.2.6 一级／高级技师职业技能培训课程规范			
职业功能模块（模块）	培训内容（课程）	技能目标	培训细目	学习单元	课程内容	培训建议	课堂学时
4．数据分析与研究	4-2 问题分析与研究	4-2-8 能通过分析计算机服务报表所发现的用户数据安全保障问题，修订用户数据安全保障策略	（2）分析服务器维修服务报表，发现用户数据安全保障问题并制定改进措施	（8）用户数据安全保障问题及改进措施	故障硬盘处置过程中的用户数据安全保障问题 ④其他个人计算机维修服务单据及流程中存在的数据安全保障缺陷	（3）难点：分析服务器维修服务报表，发现用户数据安全保障问题并制定改进措施	
					2）分析服务器维修服务报表，发现用户数据安全保障问题并制定改进措施 ①客户现场服务器服务受理或维修服务时主机及系统数据接触 ②为服务器客户添加、更换、检测或故障硬盘处置过程中的用户数据安全保障问题 ③服务器日志及其他维修服务数据单据（包括电子和纸质）的处置 ④其他服务器维修服务单据及流程中存在的数据安全保障缺陷		
		4-2-9 能根据计算机维修数据设计、编写检测调试用的脚本和软件工具	（1）制作批量测试用脚本并制定验证方案	（9）软件测试工具的开发	1）批量测试用脚本方案的制作和验证方案 ①批量部署操作系统和应用 ②批量刷新计算机基本输入输出系统（BIOS） ③批量刷新计算机基板管理控制器（BMC） ④批量更改计算机设置	（1）方法：讲授法、案例教学法 （2）重点：专用测试目的软件工具的验证	6

续表

2.1.6 一级 / 高级技师职业技能培训要求				2.2.6 一级 / 高级技师职业技能培训课程规范			
职业功能模块（模块）	培训内容（课程）	技能目标	培训细目	学习单元	课程内容	培训建议	课堂学时
4．数据分析与研究	4-2 问题分析与研究	4-2-9 能根据计算机维修数据设计、编写检测调试用的脚本和软件工具	(2) 挑选专用测试目的软件工具并制定验证方案	(9) 软件测试工具的开发	2) 专用测试目的软件工具的挑选和验证方案 ①测试目的确定 ②计算机维修数据的分析 ③软件工具的挑选 ④验证方案的制定	(3) 难点：批量测试用脚本方案的制作和验证方案	
		4-2-10 能参与计算机维修服务系统的开发	(1) 确定和编制计算机维修服务系统开发需求 (2) 测试和验收计算机维修服务系统	(10) 计算机维修服务系统的开发	1) 计算机维修服务系统开发需求确定 ①系统结构和要素 ②业务需求 ③开发需求文档的编制 2) 计算机维修服务系统测试和验收 ①测试和验收的方案和计划 ②分阶段中期测试 ③验收测试 ④上线和试运营监测	(1) 方法：讲授法、案例教学法 (2) 重点与难点：计算机维修服务系统开发需求确定	6
		4-2-11 能根据业务运行情况协助开发人员更新或升级计算机维修服务系统	(1) 确定计算机维修服务系统更新或升级需求 (2) 协助开发人员更新或升级计算机维修服务系统	(11) 更新或升级计算机维修服务系统	1) 计算机维修服务系统更新或升级需求 ①系统自身技术问题 ②业务需求变更 ③系统自身或运行环境技术升级 ④其他更新或升级需求 2) 更新或升级计算机维修服务系统 ①更新或升级时机和计划 ②测试和验收	(1) 方法：讲授法、案例教学法 (2) 重点：计算机维修服务系统更新或升级需求 (3) 难点：更新或升级计算机维修服务系统	3
课堂学时合计							187

附录 7 名词术语

英文或简称	全称及释义
PC	Personal Computer 的缩写，即个人计算机
Windows	美国微软公司（Microsoft）研发的图形化操作系统，又称“视窗”
Linux	全称 GNU/Linux，是一种免费使用和自由传播的类 UNIX 操作系统
macOS	美国苹果公司（Apple）研发的图形化操作系统，运行于 Macintosh（简称 Mac）系列计算机上
RAID	Redundant Array of Independent Disks 的缩写，即独立冗余磁盘阵列，简称为“磁盘阵列”，其用多个独立的磁盘组合在一起，形成一个大的磁盘系统，从而实现比单块磁盘更好的存储性能和更高的可靠性
CPU	Central Processing Unit 的缩写，即中央处理器，其作为计算机系统的运算和控制核心，是信息处理、程序运行的最终执行单元
BIOS	Basic Input Output System 的缩写，即基本输出输入系统，其包括计算机主板上固化的底层程序、保存着计算机最重要的基本输入输出的程序、开机后自检程序和系统自启动程序，可从非易失性存储器中读写系统设置的具体信息
UEFI	Unified Extensible Firmware Interface 的缩写，即统一可扩展固件接口，其为一种新型的主板引导项，比传统 BIOS 功能更强大
PCI	Peripheral Component Interconnect 的缩写，即外设组件互联标准，是一种由美国英特尔公司（Intel）推出的用于定义局部总线的标准
PCI-E	Peripheral Component Interconnect Express 的缩写，即外设组件高速互联标准，是一种高速、串行的局部总线标准，用以替代 PCI
mini PCI-E	基于 PCI-E 的一种更小体积总线标准，主要用于便携式计算机和部分数码设备
UPS	Uninterruptible Power Supply 的缩写，不间断电源，是一种含有储能装置的不间断供电设备
UNIX	一个强大的多用户、多任务分时操作系统，支持多种处理器架构，又称“尤内克斯”
Debian	Debian 计划是一个致力于创建一个自由操作系统的合作组织，该组织创建的基于 Linux 的操作系统名为 Debian GNU/Linux，又称“德班”
Ubuntu	一个以桌面应用为主的 Linux 服务器操作系统，又称“乌班图”
OpenSUSE	一个一般用途的基于 Linux 内核的 GNU/Linux 服务器操作系统发行版
Fedora	一个由 Fedora 项目社区开发、红帽公司（Red Hat）赞助的基于 Linux 内核的开源操作系统
CentOS	Community Enterprise Operating System 的缩写，即社区企业操作系统，是基于 RHEL（Red Hat Enterprise Linux）、依照 GPL 协议编译成的 Linux 发行版之一
红旗 Linux	由北京中科红旗软件技术有限公司开发的一系列 Linux 发行版

续表

英文或简称	全称及释义
UOS	Unity Operating System 的缩写，中文称“统信操作系统”，是由包括中国电子集团、武汉深之度科技有限公司、南京诚迈科技、中兴新支点在内的多家国内操作系统核心企业自愿发起的“UOS 统一操作系统筹备组”共同打造的中文国产操作系统
中标麒麟	由“中标 Linux”操作系统开发方中标软件有限公司和“银河麒麟”操作系统开发方国防科技大学共同开发的统一品牌国产操作系统
银河麒麟	由麒麟软件有限公司开发的一款以安全可信操作系统技术为核心国产操作系统
Web	全球广域网（World Wide Web）的简称，又称万维网，是一种基于超文本和 HTTP 的、全球性的、动态交互的、跨平台的分布式图形信息系统，是建立在 Internet 上的一种网络服务，为浏览者在 Internet 上查找和浏览信息提供了图形化的、易于访问的直观界面，其中的文档及超级链接将 Internet 上的信息节点组织成一个互为关联的网状结构
DNS	Domain Name System 的缩写，域名系统，是一个将域名和 IP 地址相互映射的一个分布式数据库，能够使人更方便地访问互联网的服务
Sun Solaris	由美国太阳微系统公司（Sun Microsystems）开发的一款操作系统，是 UNIX 操作系统的衍生版本之一
FreeBSD	由 BSD 发展而来的 Unix 操作系统的一个重要分支
IBM AIX	AIX 是 Advanced Interactive eXecutive 的缩写，是由美国国际商用机器公司（IBM）一款 UNIX 操作系统
HP-UX	由美国惠普公司（Hewlett Packard，简称 HP）开发的一款 Unix 操作系统
OpenBSD	一个多平台的，基于 4.4BSD 的类 UNIX 操作系统，是 BSD 衍生出的三种免费操作系统之一
MySQL	一款由瑞典 MySQL AB 公司开发的数据库软件，是最流行的关系型数据库管理系统之一
Oracle	由美国甲骨文公司（Oracle）开发的一款关系数据库管理系统，在数据库领域一直处于领先地位
MongoDB	一个基于分布式文件存储的数据库系统
Redis	REmote Dictionary Server 的缩写，即远程字典服务，是一款开源的日志型 Key-Value 数据库
VLAN	Virtual Local Area Network 的缩写，即虚拟局域网
QoS	Quality of Service 的缩写，即服务质量，是指一个网络能够利用各种基础技术，为指定的网络通信提供更好的服务能力，是一种网络安全机制，是一种用来解决网络延迟和阻塞等问题的技术
WDS	Wireless Distribution System 的缩写，即无线分布系统
kickstart	一种无人值守的软件自动化安装系统

续表

英文或简称	全称及释义
Cobbler	一种实现自动化的网络安装服务器套件
Tomcat	一款由美国 Apache 公司主导开发的 Web 应用服务套件
WebSphere	美国 IBM 公司的一款门户网站开发套件
Resin	一款由 CAUCHO 公司出品的应用服务器
JRun	一款由 Allaire 公司开发的 JAVA 服务器软件
WebOTX	一款由 NEC 公司开发的应用服务器
Jboss	一个基于 J2EE 的开放源代码的应用服务器
WebLogic	美国 Oracle 公司出品的一个应用服务器
iSCSI	Internet Small Computer System Interface 的缩写，即 Internet 小型计算机系统接口，一种基于因特网及 SCSI-3 协议下的存储技术
NFS	Network File System 的缩写，即网络文件系统，是由 SUN 公司研制的 UNIX 表示层协议
MFS	Moose File System 的缩写，是一个具有容错性的网络分布式文件系统
chroot	一个 Linux 系统命令，Change root 的缩写，用于改变程序执行时所参考的根目录位置
LXC	Linux Container 的缩写，即 Linux 容器，一种内核虚拟化技术，可以提供轻量级的虚拟化，以便隔离进程和资源
Docker	一个开源的应用容器引擎，让开发者可以打包他们的应用以及依赖包到一个可移植的镜像中，然后发布到任何流行的 Linux 或 Windows 操作系统的机器上，也可以实现虚拟化
VServer	VServer 技术是一种基于安全上下文的软分区概念，它允许创建许多独立的虚拟专用服务器（VPS），这些服务器以全速在单个物理服务器上同时运行，从而有效地共享硬件资源
Virtuozzo	一款成熟的服务器虚拟化软件产品，是生产型（实时运行应用服务和数据）服务器首选的虚拟化技术解决方案
OpenVZ	一个基于 Linux 平台的操作系统级服务器虚拟化开源解决方案
BGA	Ball Grid Array 的缩写，即球栅阵列，是一种小体积、高密度的芯片封装形式
BMC	Baseboard Management Controller 的缩写，即基板管理控制器，它可以在机器未开机的状态下，对机器进行固件升级、查看设备等操作
Jenkins	基于 Java 开发的一种开源持续集成工具
ElectricFlow	Electric Cloud 公司推出的一个自动化驱动平台，将部署过程模型化，通过搭建部署流程使得部署过程可见、可重复、可追溯
Microsoft Visual Studio	美国微软公司开发的工具包系列产品

续表

英文或简称	全称及释义
Octopus Deploy	一款软件发布自动化工具
IBM UrbanCode	IBM 公司的一款管理软件自动化发布和部署的工具
AWS CodeDeploy	美国亚马逊公司（Amazon）的一项将软件自动部署到各种计算服务（例如 Amazon EC2、AWS Fargate、AWS Lambda 和本地服务器）的完全托管的部署服务